Chaahat Gupta
Madhu Bahl
Parveen Lehana

Melhoria de imagem usando algoritmo genético contínuo

Chaahat Gupta
Madhu Bahl
Parveen Lehana

Melhoria de imagem usando algoritmo genético contínuo

ScienciaScripts

Cover image: www.ingimage.com

This book is a translation from the original published under ISBN 978-3-659-83187-4.

Publisher:
Sciencia Scripts
is a trademark of
Dodo Books Indian Ocean Ltd. and OmniScriptum S.R.L publishing group

120 High Road, East Finchley, London, N2 9ED, United Kingdom
Str. Armeneasca 28/1, office 1, Chisinau MD-2012, Republic of Moldova, Europe
Printed at: see last page
ISBN: 978-620-8-34432-0

Índice:

MELHORAMENTO DE IMAGENS UTILIZANDO UM ALGORITMO GENÉTICO CONTÍNUO

Por:-
Dr. Parveen Lehana
Doutoramento, IIT Bombay, Índia
pklehana@gmail.com
Prof. assistente Chaahat Gupta

MIET,Jammu,Índia

chaahatgupta@rediffmail.com

RESUMO

O conteúdo de uma imagem desempenha um papel essencial na análise da imagem, uma vez que especifica os vários pormenores da mesma. No entanto, durante a aquisição de uma imagem, os seus pormenores podem não ser visíveis e podem não ser revelados devido a alguns efeitos naturais ou artificiais. Por conseguinte, são necessárias técnicas de melhoramento de imagens para revelar e melhorar o conteúdo de uma imagem. A maior parte das técnicas de melhoramento requerem procedimentos interactivos para obter resultados satisfatórios, pelo que não são adequadas para um grande espaço de soluções. Nalgumas aplicações, é desejável o ajuste automático dos parâmetros e os algoritmos genéticos são os mais adequados para este tipo de aplicações. Recentemente, tem havido muito interesse em empregar o Algoritmo Genético em várias aplicações de melhoramento de imagens, como o melhoramento de cores, para segmentação ou melhoramento de texturas.

Neste livro, um Algoritmo Genético Contínuo melhorado é concebido para imagens naturais e não naturais, o que proporciona uma melhor melhoria do conteúdo. O Algoritmo Genético proposto neste trabalho é o Algoritmo Genético Codificado Real ou Algoritmo Genético Contínuo. O CGA diminui a carga computacional, acelera a taxa de convergência e melhora a capacidade de pesquisa global. A capacidade do algoritmo é analisada através da variação dos diferentes parâmetros do ADN com as sucessivas iterações.

O algoritmo proposto é aplicado durante 1000 iterações sucessivas em cinco imagens naturais e cinco não naturais, como edifícios, respetivamente. O efeito das iterações no brilho, contraste, nitidez e qualidade da imagem é analisado. Verifica-se que o método proposto melhora o conteúdo da imagem e a qualidade da imagem também é melhorada com as iterações sucessivas.

Capítulo 1

INTRODUÇÃO

1.1 Preâmbulo

As imagens são utilizadas para fornecer uma perceção visual do conteúdo a ser investigado e permitir que os utilizadores as afirmem mais tarde. Constituem um meio eficaz de recolha de dados que pode ser facilmente armazenado e consideravelmente utilizado. Com o aparecimento da imagem digital, abriu-se um novo conjunto de perspectivas para utilizadores experientes e principiantes. Os utilizadores principiantes podem agora facilmente capturar, armazenar, partilhar e editar imagens, enquanto os investigadores e utilizadores experientes contam com elas para determinar áreas de interesse, analisar detalhes e apresentar as suas descobertas de forma eficaz.

O melhoramento de imagens refere-se à atenuação ou nitidez das caraterísticas da imagem, como os limites, as arestas ou o contraste, para tornar a imagem processada mais útil para análise. O melhoramento de imagens transforma as imagens para proporcionar uma melhor representação dos pormenores ocultos. É uma ferramenta vital para os investigadores numa grande variedade de domínios, incluindo (mas não se limitando a) deteção remota, ciência forense, imagiologia médica, ciências atmosféricas, estudos artísticos, etc. É específica da aplicação: uma técnica adequada para um problema pode ser inadequada para outro. Por exemplo, a imagiologia médica emprega técnicas para melhorar a textura, enquanto os vídeos/imagens forenses empregam técnicas que resolvem o problema da baixa resolução e da desfocagem do movimento.

1.2 Conteúdo da imagem

O conteúdo de uma imagem é essencial para a análise da imagem. O conteúdo da imagem é uma das caraterísticas importantes utilizadas para identificar objectos ou regiões de interesse numa imagem. A recuperação de imagens com base no conteúdo tem várias aplicações, que vão desde a defesa, satélites, impressões digitais, captura de fotografias de criminosos, experiências científicas, imagiologia biomédica e sistemas de entretenimento doméstico [1]. O principal objetivo do processamento de imagens na recuperação de conteúdos é realçar os detalhes necessários na imagem.

1.3 Melhoria do conteúdo da imagem

O conteúdo de uma imagem contém as informações necessárias. As técnicas de melhoramento de imagens são necessárias para extrair eficazmente as caraterísticas da imagem que podem melhorar ou aperfeiçoar o conteúdo de uma imagem.

O melhoramento de conteúdos é utilizado em muitos domínios, como o processamento de imagens médicas, a deteção remota, o reconhecimento de padrões, o restauro de imagens, a robótica, a interpretação de dados de imagens, etc. [4]. O seu objetivo é melhorar o efeito visual da imagem, realçando propositadamente as suas caraterísticas locais ou globais. A qualidade da imagem será melhorada e a informação útil será enriquecida.

As técnicas de multi-resolução [5]-[7] parecem ser abordagens atractivas para muitas aplicações de melhoramento de conteúdos. O melhoramento de conteúdos é implementado através da nitidez da imagem, com o melhoramento dos bordos da imagem ou do contraste. Os métodos de nitidez da imagem são utilizados para realçar pormenores finos ou para realçar pormenores que tenham sido desfocados. As técnicas comuns de nitidez de imagens [8] utilizadas são

- Máscara de nitidez
- Filtragem de alta potência
- Filtros de derivadas: Dois tipos de operadores derivativos utilizados são
  - **Filtros derivados de primeira ordem:** Os filtros derivativos de primeira ordem são Roberts, Sobel e Prewitts
  - **Filtro derivado de segunda ordem:** O filtro derivado de segunda ordem é o Laplaciano e o Laplaciano do filtro Gaussiano

Dois tipos comuns de técnicas de melhoramento do contraste são discutidos em [9]

- **Melhoria do contraste linear:** Inclui o alongamento do contraste linear mínimo-máximo e a percentagem de alongamento do contraste linear por partes.
- **Melhoria não linear do contraste:** Envolve a equalização do histograma, a equalização adaptativa do histograma e a filtragem homomórfica.

1.4 Técnicas de melhoria do contraste

O melhoramento do contraste é uma das questões mais importantes no processamento de imagens. O contraste é criado pela diferença de luminância reflectida por duas superfícies adjacentes [9]. Se o contraste de uma imagem estiver muito concentrado numa gama específica, a informação pode perder-se nas áreas que estão excessiva e uniformemente concentradas. O problema é otimizar o contraste de uma imagem de modo a representar tudo. Por vezes, durante a aquisição da imagem, pode ocorrer um baixo contraste devido a uma das seguintes razões: falta de gama dinâmica no sensor de imagem e definição incorrecta da abertura da lente, iluminação deficiente, etc. A ideia subjacente ao alongamento do contraste é aumentar a gama dinâmica de níveis de cinzento na imagem que está a ser processada. De seguida, são abordadas várias técnicas de melhoramento do contraste.

1.4.1 Equalização de histograma

A equalização de histogramas é uma das formas mais úteis de otimização não linear do contraste. O histograma de uma imagem digital com níveis de cinzento no intervalo $\left[0, L-1\right]$ é uma função discreta $h(r_k) = n_k$, em que r_k é o nível de cinzento k^{th} e n_k é o número de pixels na imagem com nível de cinzento r_k [48]. É prática comum normalizar um histograma dividindo cada um dos seus valores pelo número total de pixels da imagem, denotado por n. Assim, um histograma normalizado é dado por $p(r_k) = n_k / n$, fork $= 0,1,...L-1$. Quando o histograma de uma imagem é equalizado, todos os valores de pixel da imagem são redistribuídos de modo a que haja aproximadamente um número igual de pixéis para cada uma das classes de escala de cinzentos de saída especificadas pelo utilizador (por exemplo, 32, 64 e 256). A Figura 1.1 mostra como a equalização do histograma da imagem melhora o contraste da imagem.

(a) Histograma original
(b) Imagem original
(c) Imagem após a equalização do histograma
(d) Histograma após a equalização do histograma
Figura 1.1: Efeito da equalização do histograma

Assim, observa-se que a equalização de histograma distribui uniformemente os valores de intensidade por toda a escala de cinzentos. Esta técnica é utilizada em processos de comparação de imagens (por ser eficaz na melhoria de detalhes) e na correção de efeitos não lineares.

1.4.2 Equalização adaptativa de histograma

Na equalização adaptativa do histograma, a imagem é dividida em vários domínios rectangulares para calcular um histograma de equalização e modificar os níveis de modo a que coincidam através dos limites. A

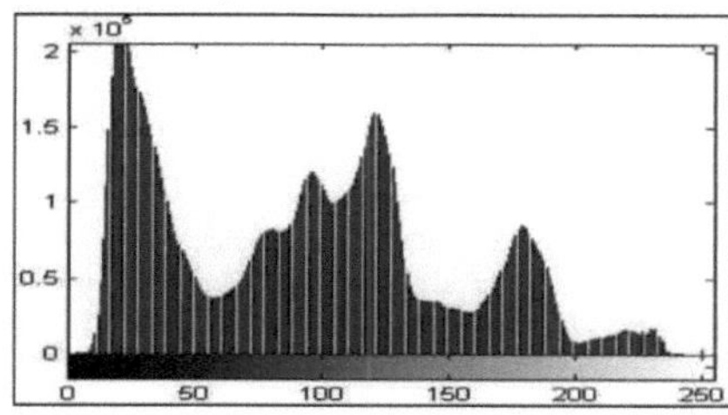

Equalização Adaptativa do Histograma (AHE) calcula o histograma de uma janela local centrada num determinado pixel para determinar o mapeamento desse pixel, o que proporciona uma melhoria do contraste local [12]. Por

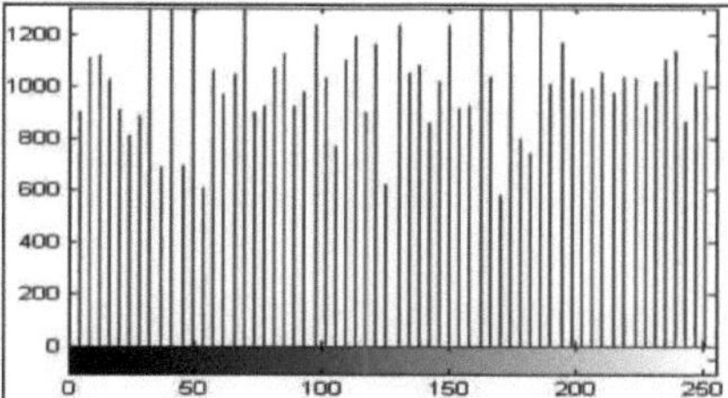

conseguinte, as regiões que ocupam diferentes intervalos de escala de cinzentos podem ser melhoradas simultaneamente. A Figura 1.2 mostra o efeito da aplicação da equalização adaptativa do histograma numa imagem de baixo contraste. Observa-se que a equalização adaptativa do histograma é mais adequada para realçar mais detalhes.

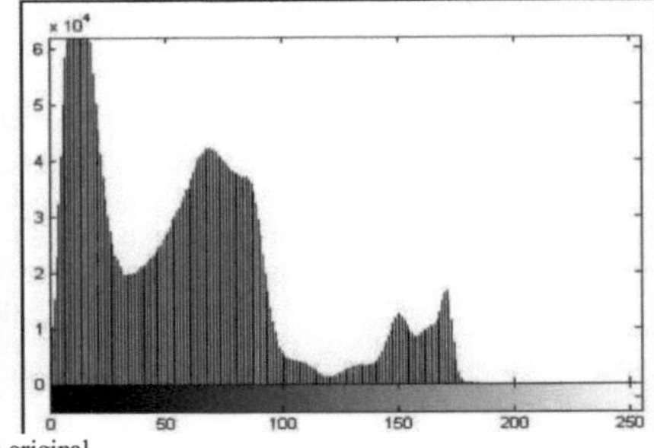

(a) Imagem original
(b) Histograma original

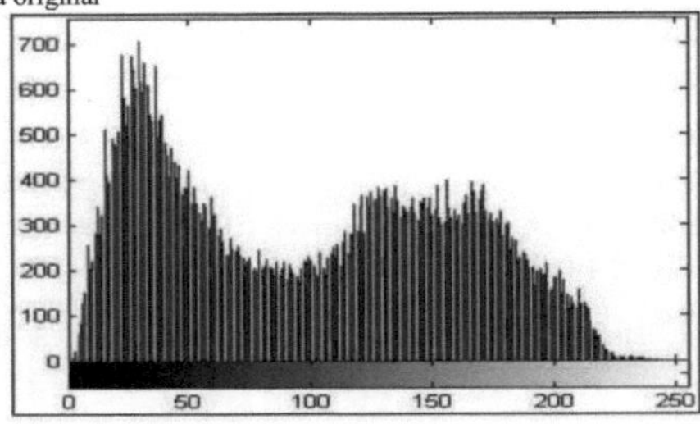

(c) Imagem após a equalização adaptativa do histograma
(d) Histograma após a Equalização Adaptativa do Histograma

Figura 1.2: Efeito da Equalização Adaptativa do Histograma numa imagem de baixo contraste

1.4.3 Filtragem sem nitidez

O filtro de nitidez é um operador de nitidez simples que deriva o seu nome do facto de realçar os bordos (e outros componentes de alta frequência numa imagem) através de um procedimento que subtrai uma versão não nitida ou suavizada de uma imagem à imagem original. Na técnica de filtragem sem nitidez, é adicionada à própria imagem uma versão de uma imagem filtrada e com escala [15]. O protótipo da filtragem sem nitidez é definido como

$$g(x,y) = f(x,y) - fmooohh(x,y)$$

em que $g(x,y)$, uma imagem de bordadura é produzida a partir de uma imagem de entrada $f(x,y)$ e $f_{smooth}(x, y)$ é a versão suavizada da imagem de entrada. Uma vez que todos os componentes de baixa frequência são subtraídos da imagem original, apenas se obtêm descrições de bordos de alta frequência. Normalmente, é necessário que um operador de nitidez nos devolva a nossa imagem original com os componentes de alta frequência melhorados. Para obter este efeito, adiciona-se uma parte desta imagem gradiente à imagem original. O fator de escala constante é k. Assim, a imagem final melhorada é a seguinte A figura 1.3 mostra a filtragem sem nitidez de uma imagem e verifica-se que os componentes de alta frequência são melhorados.

$$h(x, y) = f(x, y) + k * g(x, y)$$

(a) Imagem original

(b) Imagem após filtragem sem nitidez

Figura 1.3: Efeito da filtragem sem nitidez de uma imagem

1.5 Técnicas de nitidez de imagens

O principal objetivo da nitidez é realçar detalhes finos numa imagem ou melhorar detalhes que tenham sido desfocados, quer por erro, quer como efeito natural de um determinado método de aquisição de imagem. A nitidez aumenta o contraste em torno das margens dos objectos, de modo a aumentar a definição do objeto. A nitidez de uma imagem consiste em desfocá-la ligeiramente. De seguida, a imagem original e a versão desfocada da imagem são comparadas um pixel de cada vez. Se um píxel for mais claro do que a versão desfocada, é mais claro; se um píxel for mais escuro do que a versão desfocada, é escurecido. O resultado é aumentar o contraste entre cada pixel e os seus vizinhos. As utilizações da nitidez das imagens são diversas e incluem aplicações que vão desde a imagiologia médica e a impressão eletrónica até à inspeção industrial e à orientação autónoma em sistemas militares. Os tipos de filtros de nitidez de imagem são discutidos a seguir.

1.5.1 Filtro derivado de primeira ordem

O gradiente de borda da derivada de primeira ordem é obtido através da formação da diferença de corrida dos pixéis ao longo das linhas e colunas da imagem [18]. O gradiente de uma função $f(x,y)$ nas coordenadas (x,y) é definido como um vetor coluna bidimensional dado como

$$\nabla f = grad\,(f) = \begin{bmatrix} g_x \\ g_y \end{bmatrix} = \begin{bmatrix} \dfrac{\partial f}{\partial x} \\ \dfrac{\partial f}{\partial y} \end{bmatrix}$$

Este vetor aponta na direção da maior taxa de variação de f no local (x,y). A magnitude (comprimento) do vetor ∇f é denotada por $M(x,y)$, em que

$$M(x,y) = mg\,(\nabla f) = \sqrt{g_x^2 + g_y^2}$$

$M(x,y)$ é referida como a imagem gradiente. Tem o mesmo tamanho que a imagem original, criada quando x e y podem variar em todas as localizações de pixéis em f. Os tipos de filtros de derivada de primeira ordem são discutidos a seguir.

a) Operador de gradiente cruzado de Roberts

Foi um dos primeiros detectores de bordos e foi inicialmente proposto por Lawrence Roberts em 1963 como um operador diferencial. O conceito subjacente ao operador Robert's Cross consiste em obter gradientes de arestas diagonais através da formação de diferenças de execução de pares diagonais de pixéis [18]. O operador Roberts efectua uma medição de gradiente espacial 2-D simples e rápida de calcular numa imagem. Assim, destaca as regiões de gradiente espacial elevado que correspondem frequentemente a bordos. Na sua prática mais comum, a entrada do operador é uma imagem em tons de cinzento, tal como a saída. Os valores dos pixels em cada ponto da saída representam a magnitude absoluta estimada do gradiente espacial da imagem de entrada nesse ponto. Em teoria, o operador consiste num par de máscaras de convolução 2x2, como se mostra [32]. Uma máscara é simplesmente a outra rodada em 90°.

$$\underset{G_x}{\begin{bmatrix} 1 & 0 \\ 0 & -1 \end{bmatrix}} \qquad \underset{G_y}{\begin{bmatrix} 0 & 1 \\ -1 & 0 \end{bmatrix}}$$

Estas máscaras são concebidas para responder ao máximo às arestas que correm a 45° em relação à grelha de pixels, uma máscara para cada uma das duas orientações perpendiculares. As máscaras podem ser aplicadas separadamente à imagem de entrada para produzir medições separadas do componente de gradiente em cada orientação (G_x e G_y). Estas podem então ser combinadas para encontrar a magnitude absoluta do gradiente em cada ponto e a orientação desse gradiente. A figura 1.4 mostra o efeito da aplicação do operador Roberts Cross Gradient numa imagem.

(a) Imagem original
(b) Operador de gradiente cruzado de Roberts

Figura 1.4: Melhoria da imagem pelo operador de gradiente cruzado Roberts

b) Operador Prewitt

O operador de Prewitt é utilizado no processamento de imagens, particularmente em algoritmos de deteção de bordos. Tecnicamente, é um operador de diferenciação discreta, que calcula uma aproximação do gradiente da função de intensidade da imagem. Em cada ponto da imagem, o resultado do operador de Prewitt é o vetor de gradiente correspondente ou a norma deste vetor. O resultado mostra, portanto, quão "abruptamente" ou "suavemente" a imagem muda nesse ponto e, por conseguinte, qual a probabilidade de a parte da imagem representar uma aresta, bem como a probabilidade de essa aresta estar orientada. O operador utiliza dois núcleos 3 x 3 que são envolvidos com a imagem original para calcular aproximações das derivadas, uma para alterações horizontais e outra para verticais. O núcleo Prewitt 3 x 3 utilizado é o seguinte [32].

$$\underset{G_x}{\begin{bmatrix} -1 & -1 & -1 \\ 0 & 0 & 0 \\ 1 & 1 & 1 \end{bmatrix}} \qquad \underset{G_y}{\begin{bmatrix} -1 & 0 & 1 \\ -1 & 0 & 1 \\ -1 & 0 & 1 \end{bmatrix}}$$

A aplicação do operador de Prewitt a uma imagem permite obter uma imagem com arestas melhoradas, como se mostra na Figura 1.5. Verifica-se que o contraste das arestas melhoradas é superior ao do operador Roberts.

(a) Imagem original
(b) Operador Prewitt

Figura 1.5 Melhoria dos bordos utilizando o operador Prewitt

c) Operador Sobel

d) Num operador Sobel, é efectuada uma ligeira variação do operador Prewitt no peso do coeficiente central, ou seja, é utilizado um peso de 2 no coeficiente central. O valor de peso de 2 é utilizado para obter alguma suavização, dando mais importância ao ponto central [18]. A máscara Sobel 3x3 utilizada para as direcções X e y é [32]

$$\begin{bmatrix} -1 & -2 & -1 \\ 0 & 0 & 0 \\ 1 & 2 & 1 \end{bmatrix} \qquad \begin{bmatrix} -1 & 0 & 1 \\ -2 & 0 & 1 \\ -1 & 0 & 1 \end{bmatrix}$$

$$G_x \qquad\qquad\qquad G_y$$

Verifica-se que a soma de todos os coeficientes da máscara é zero, pelo que nas zonas de nível de cinzento constante a resposta é zero. O efeito do operador Sobel numa imagem é mostrado na Figura 1.6.

(a) Imagem original
(b) Operador Sobel

Figura 1.6 Efeito do operador Sobel numa imagem

1.5.2 Operador Derivado de Segunda Ordem

As derivadas de segunda ordem são utilizadas quando apenas as magnitudes das arestas são de interesse, sem ter em conta as suas orientações. Há dois tipos de operadores que têm este tipo de operadores. Estes são discutidos a seguir.

a) Filtro Laplaciano

b) O Laplaciano tem as mesmas propriedades em todas as direcções e, por conseguinte, é invariante à rotação de uma imagem. O operador de Laplace é um operador muito popular para aproximar a segunda derivada. As máscaras 3x3 para as quatro e oito vizinhanças utilizadas são [32]

$$\begin{bmatrix} 0 & 1 & 0 \\ 1 & -4 & 1 \\ 0 & 1 & 0 \end{bmatrix} \qquad \begin{bmatrix} 1 & 1 & 1 \\ 1 & -8 & 1 \\ 1 & 1 & 1 \end{bmatrix}$$

$$G_x \qquad\qquad\qquad G_y$$

O efeito da aplicação de um filtro Laplaciano à imagem é apresentado na Figura 1.7

(a) Imagem original
(b) Filtragem Laplaciana

Figura 1.7 Efeito da aplicação do Laplaciano a uma imagem

c) Filtro Laplaciano de Gaussiano (LoG)

Para remover o ruído que ocorre na filtragem Laplaciana, é utilizado o filtro Laplaciano de Gaussiano. Marr-Hildreth propôs o detetor de bordos Laplaciano de Gaussiano [12]. Os passos seguintes estão envolvidos na filtragem LoG.

- Suavize a imagem utilizando o filtro Gaussiano.
- Melhorar as arestas utilizando o operador Laplaciano
- Os cruzamentos zero indicam as localizações das arestas
- Utilizar interpolação linear para determinar a localização sub-pixel da borda

É definido como:

$$LoG(x,y) = \frac{-1}{\pi\sigma^4}\left[1-\frac{x^2+y^2}{2\sigma^2}\right]e^{-\frac{x^2+y^2}{2}}$$

Quanto maior for o valor de Q, mais largo é o filtro Gaussiano, maior é a suavização. Mas uma suavização excessiva dificulta a deteção de arestas. A figura 1.8 mostra o efeito da filtragem LoG numa imagem.

(a) Imagem original
b) LoG Filtrado

Figura 1.8 Efeito da filtragem LoG numa imagem

Pode observar-se que a filtragem LoG é menos afetada pelo ruído do que a Laplaciana, pelo que se conclui que a nitidez da imagem é melhor utilizando a filtragem LoG.

1.6 Algoritmo genético

Os algoritmos genéticos são técnicas de otimização de pesquisa heurística que imitam o processo de evolução natural. Os algoritmos genéticos realizam uma pesquisa eficiente em espaços globais para obter uma solução óptima [14]. Os algoritmos genéticos (AGs) são basicamente o processo de seleção natural inventado por Charles Darwin. O termo Algoritmo Genético foi usado pela primeira vez por John Holland. A otimização é realizada através da troca natural de material genético entre os pais. Os filhos são formados a partir dos genes dos pais. A aptidão dos filhos é avaliada. Só os indivíduos mais aptos podem sobreviver. No mundo dos computadores, o material genético é substituído por cadeias de bits e a seleção natural é substituída pela função de aptidão [17]. Os algoritmos genéticos manipulam uma população de potenciais soluções para o problema a resolver. Normalmente, cada solução é codificada como uma cadeia binária que é equivalente ao material genético dos indivíduos na natureza. Cada solução está associada a um valor de aptidão que é utilizado para classificar uma determinada solução em relação a todas as outras soluções [23]. O algoritmo genético utiliza vários operadores, como a seleção, o cruzamento e a mutação, para obter a geração seguinte, que pode conter cromossomas com melhor aptidão [26].

A seleção determina quais as soluções que devem ser preservadas e reproduzidas e quais as que devem ser eliminadas. Existem diferentes técnicas para implementar a seleção nos algoritmos genéticos. São elas a seleção por torneio, a seleção por roleta, a seleção por classificação, a seleção em estado estacionário, etc. [10]. O operador de crossover é utilizado para criar novas soluções a partir das soluções existentes no conjunto de acasalamento após a aplicação do operador de seleção [23]. O crossover mais popular seleciona aleatoriamente quaisquer duas cadeias de soluções do conjunto de soluções e uma parte das cadeias é trocada entre as cadeias. Outra operação, chamada mutação, leva à introdução de novas caraterísticas nas cadeias de soluções do conjunto da população para manter a diversidade na população [59].

Um algoritmo genético permite a pesquisa aleatória sistemática. Os Algoritmos Genéticos fornecem um método genérico e simples para resolver problemas de otimização complexos. Um algoritmo genético é um método de otimização estocástico e sem derivadas. Um algoritmo genético necessita de menos informações prévias sobre os problemas a resolver do que os esquemas de otimização convencionais, como o método da descida mais íngreme, que requerem frequentemente a derivada das funções objetivo. O AG pode ser utilizado como um método de otimização imparcial muito promissor. Está constantemente a ganhar popularidade no processamento de imagens [31] [33].

1.6.1 Operadores e parâmetros do algoritmo genético

Os parâmetros do algoritmo genético são geralmente categorizados em:

a) Dimensão da população
b) Seleção
c) Cruzamento
d) Mutação

a) Dimensão da população

As soluções individuais são geradas aleatoriamente para formar uma população inicial. O tamanho da população depende da natureza do problema que está a ser tratado. O tamanho da população contém muitas centenas ou milhares de soluções possíveis. Inicialmente, a população é gerada aleatoriamente, tendo em conta toda a gama de soluções possíveis.

b) Seleção

É o processo que determina quais as soluções que devem ser preservadas e autorizadas a reproduzir-se e quais as que merecem morrer. A estratégia de seleção determina qual dos cromossomas da geração atual será utilizado para reproduzir a descendência, na esperança de que a próxima geração tenha uma aptidão ainda maior. O operador de seleção é cuidadosamente formulado para garantir que os melhores membros da população (com maior aptidão) tenham uma maior probabilidade de serem selecionados para acasalamento ou mutação [23].

As diferentes estratégias de seleção têm métodos diferentes para calcular a probabilidade de seleção. Todas as diferentes técnicas de seleção desenvolvem soluções baseadas no princípio da sobrevivência do mais apto. As diferentes técnicas para implementar a seleção no Algoritmo Genético são as seguintes [30].

- Seleção do torneio
- Seleção da roda da roleta
- Seleção da classificação
- Seleção de estado estacionário

i) Seleção do torneio

A seleção por torneio é provavelmente o método de seleção mais popular no algoritmo genético devido à sua eficiência e implementação simples. Na seleção por torneio, n indivíduos são selecionados aleatoriamente da população maior, e os indivíduos selecionados competem entre si. O indivíduo com a aptidão mais elevada vence e será incluído na população da geração seguinte. O número de indivíduos que competem em cada torneio é designado por tamanho do torneio. A seleção por torneios tem várias vantagens, incluindo a baixa suscetibilidade de aquisição por indivíduos dominantes, uma complexidade temporal eficiente, especialmente se for implementada em paralelo, e não há necessidade de escalonamento ou ordenação da aptidão [2][31].

ii) Seleção da roda da roleta

Na Seleção por Roleta, os indivíduos são selecionados com uma probabilidade que é diretamente proporcional aos seus valores de aptidão na roda. As probabilidades de seleção de um progenitor podem ser vistas como o girar de uma roleta, sendo o tamanho do segmento para cada progenitor proporcional à sua aptidão. Obviamente, aqueles com os maiores valores de aptidão têm maior probabilidade de serem escolhidos. O indivíduo mais apto ocupa o maior segmento, enquanto o menos apto tem um segmento correspondentemente mais pequeno dentro da roleta. A circunferência da roleta é a soma de todos os valores de aptidão dos indivíduos. A vantagem básica da Seleção por Roleta é que não descarta nenhum dos indivíduos da população e dá uma oportunidade a todos eles de serem selecionados. Assim, a diversidade na população é preservada. No entanto, tem algumas deficiências, tais como o facto de os indivíduos que se destacam introduzirem um enviesamento no início da pesquisa que pode causar uma convergência prematura e uma perda de diversidade. A Tabela 1.1 mostra o Método de Seleção da Roleta e a Figura 1.9 mostra a representação percentual de cada cromossoma na Roleta.

Tabela 1.1: Método de seleção da roda da roleta

Cromossoma #	Valor da aptidão física	% da roda da roleta
1	127.50	51
2	50.00	20
3	25.00	10
4	20.00	8
5	15.00	6
6	12.50	5

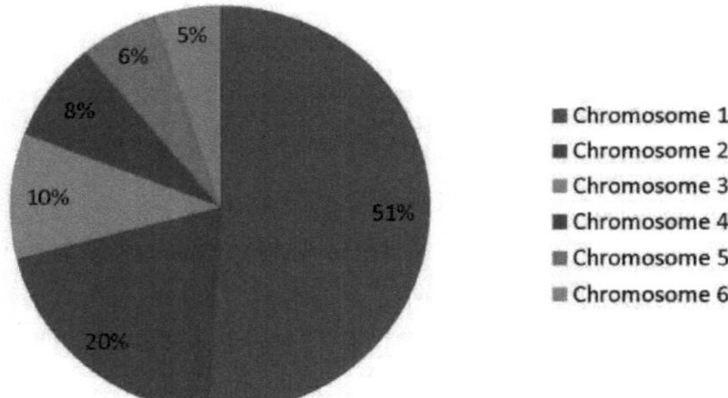

Figura 1.9 Representação percentual de cada cromossoma na roda da roleta

iii) Seleção das classificações

Na seleção por classificação, as classificações são atribuídas aos pais de acordo com os seus valores de aptidão. O indivíduo com o valor de fitness mais elevado recebe a classificação mais elevada e o indivíduo com o valor de fitness mais baixo recebe a classificação mais baixa de todos os indivíduos. A seleção por roleta terá problemas quando os valores de aptidão forem muito diferentes. Assim, os cromossomas com valores de aptidão baixos terão muito poucas hipóteses de serem selecionados. Este problema pode ser facilmente resolvido pelo método de seleção por classificação. O Método de Seleção por Classificação é apresentado na Tabela 1.2 e a representação percentual de cada cromossoma na Seleção por Classificação é apresentada na Figura 1.10.

Quadro 1.2: Método de seleção de classificação

Cromossoma #	Valor da aptidão física	% da roda da roleta	Classificação	% da roda da roleta
1	127.50'	51	6	28
2	50.00	20	5	24

3	25.00	10	4	19
4	20.00	8	3	14
5	15.00	6	2	10
6	12.50	5	1	5

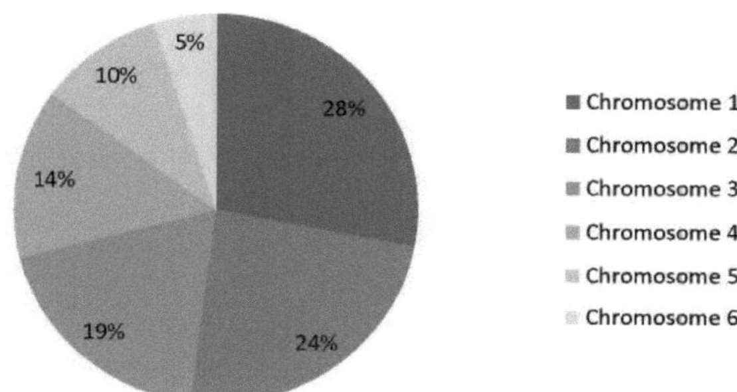

Figura 1.10: Percentagem de cada cromossoma no método de seleção por classificação

iv) Seleção em estado estacionário

Neste método, alguns cromossomas bons são utilizados para criar novos descendentes em cada iteração. Depois, alguns cromossomas maus são removidos e a nova descendência é colocada nos seus lugares. O resto da população migra para a geração seguinte sem passar pelo processo de seleção.

c) Crossover

O cruzamento é um parâmetro genético que combina dois cromossomas pais para produzir um novo cromossoma (descendência). A descendência resultante pode ser melhor do que ambos os pais se as melhores caraterísticas forem retiradas de cada um dos pais [2]. O crossover mais popular seleciona aleatoriamente quaisquer duas cadeias de soluções do conjunto de acasalamento e uma parte das cadeias é trocada entre as cadeias. O ponto de seleção é escolhido aleatoriamente [29]. O cruzamento que ocorre entre dois pais é mostrado na Figura 1.11.

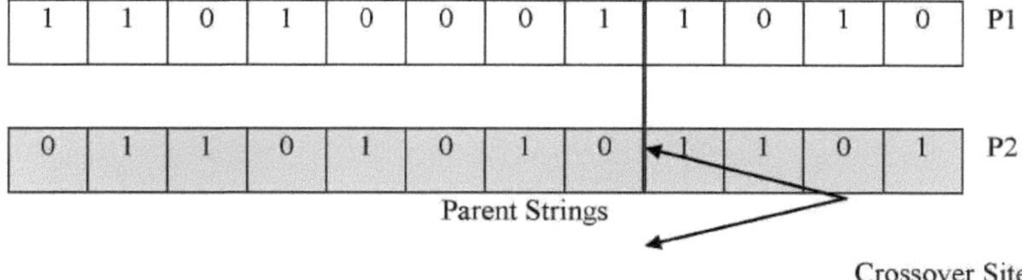

d) Mutação

A mutação é a introdução de novas caraterísticas nas cadeias de soluções do conjunto da população para manter a diversidade na população. A mutação é utilizada com o objetivo de procurar a solução óptima. A mutação pode ter lugar depois de o cruzamento ser efectuado. Isto é para evitar que todas as soluções da população caiam num ótimo local do problema que está a ser resolvido. A mutação altera a nova descendência de forma aleatória [2]. A Figura 1.12 mostra a mutação ocorrendo.

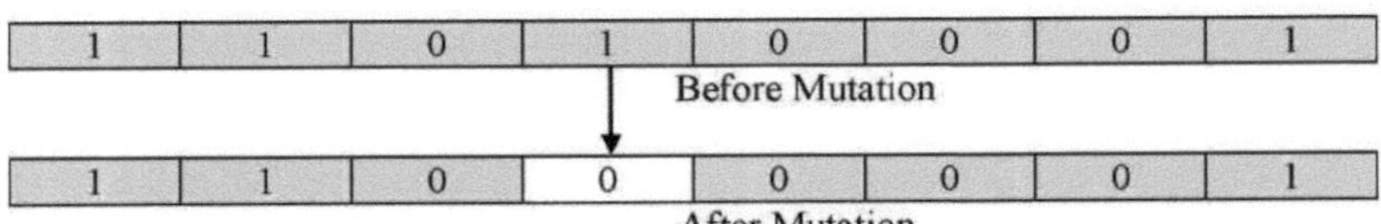

Figura 1.12: Mutação

1.7 Abordagem utilizada - Algoritmo Genético Contínuo

Para muitas aplicações, é conveniente designar as soluções por números reais, o que se designa por Algoritmo Genético Contínuo (AGC). Os AGC têm a vantagem de necessitarem de menos espaço de armazenamento e de serem mais rápidos do que os seus homólogos binários. O Algoritmo Genético Contínuo é discutido da seguinte forma:

1.7.1 Componentes do Algoritmo Genético Contínuo

Os vários componentes da CGA [5] são apresentados na Figura 1.13 sob a forma de um fluxograma.

i) Função de custo

O objetivo dos AGs é resolver um problema de otimização definido por um parâmetro envolvido. No AGC, os parâmetros são organizados como um vetor conhecido como cromossoma. Se o cromossoma tiver N_{var} variáveis (problema de otimização de dimensão N) dadas por p_1, p_2, p_3,... p_N, então o cromossoma é escrito como uma matriz com 1 x N_{var} elementos como [5].

$$cromossoma = [p_1, p_2, p_3, \ldots, p_{N_{var}}]$$

Neste caso, os valores das variáveis são representados como números flutuantes. Cada cromossoma tem um custo encontrado através da avaliação da função de custo nas variáveis p_1, p_2, p_3, , $p_{N_{var}}$.

$$Custo = f(cromossoma) = f(p_1, p_2, p_3, \ldots, p_{N_{var}})$$

ii) População inicial

Para iniciar o processo de CGA, é necessário definir uma população inicial de N_{pop}. Uma matriz representa a população e cada linha representa um cromossoma 1 x N_{var} de valores contínuos [24]. Dada uma população inicial de N_{pop} cromossomas, é gerada a matriz completa de N_{pop} x N_{var} valores aleatórios. Todas as variáveis são normalizadas para terem valores entre 0 e 1.

iii) Emparelhamento

Um conjunto de cromossomas elegíveis é selecionado aleatoriamente como progenitores para gerar a geração seguinte. Cada par produz dois descendentes que contêm caraterísticas de cada progenitor. Quanto mais semelhantes forem os dois progenitores, maior é a probabilidade de a descendência ser portadora das caraterísticas dos progenitores.

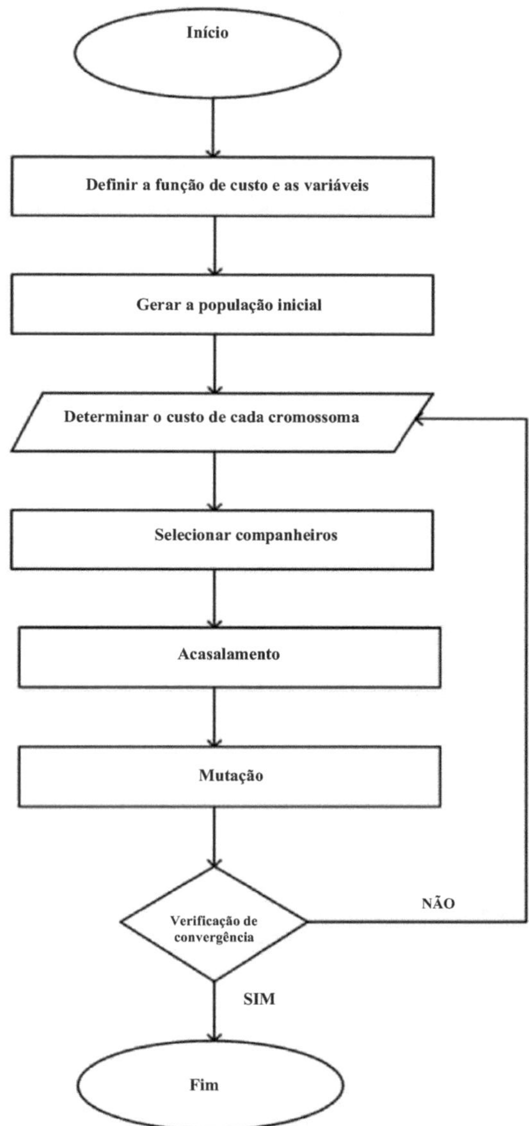

Figura 1.13: Fluxograma da CGA

iv) Acasalamento

Tal como para o algoritmo binário, são escolhidos dois progenitores para produzir descendentes, foram experimentadas muitas abordagens diferentes para o cruzamento em CGAs. O método mais simples consiste em marcar primeiro um ponto de cruzamento e, em seguida, os progenitores trocam os seus elementos entre os pontos de cruzamento marcados nos cromossomas. Consideremos dois progenitores como

$$Parenti = [Pmi, \ldots\ldots, PmNvar]$$
$$Parent2 = [Pdi, \ldots\ldots, p_m{}_{var}]$$

Dois descendentes podem ser produzidos como método:

$$Descendência_1 = [Pm1, Pm_2, Pd3, Pd4, P_m 5, P_m 6, \ldots, PmN]]_{var}$$
$$OfsPring_2 = [Pd1, Pd2, Pm3, Pmd_4, Pd_5, Pd6, \ldots, P\, J_{dN}$$

v) Seleção Natural

O caso extremo é a seleção de N_{var} pontos e a escolha aleatória de qual dos dois progenitores contribuirá com a sua variável em cada posição. Assim, percorre-se a linha dos cromossomas e, em cada variável, escolhe-se aleatoriamente se se troca ou não a informação entre os dois progenitores. Este método é designado por crossover uniforme [23].

vi) Mutação

Se não se tiver cuidado, o AG pode convergir demasiado depressa para uma região da superfície de custo. Se esta área estiver na região do mínimo global, não há problema. No entanto, algumas funções têm muitos mínimos locais. Para evitar uma convergência demasiado rápida, outras áreas da superfície de custo devem ser exploradas através da introdução aleatória de alterações, ou mutações, em algumas das variáveis. São utilizados números aleatórios para selecionar a linha e as colunas das variáveis que devem sofrer mutação.

1.8 Organização do livro:

O livro é composto por oito capítulos organizados da seguinte forma:

Chapter 1: Introdução, que consiste na introdução ao conteúdo da imagem, no melhoramento do conteúdo da imagem e no algoritmo genético.

Chapter 2: A revisão da literatura e o estudo de trabalhos de investigação de áreas relacionadas foram discutidos em sequência.

Chapter 3: Trabalho atual, neste capítulo são discutidos a formulação do problema, os objectivos, a metodologia, a conceção e a implementação do algoritmo proposto.

Chapter 4: Resultados e Discussões, neste capítulo todos os resultados são simulados em MATLAB- 2012. O Algoritmo Genético Contínuo proposto é aplicado em cinco imagens naturais e cinco não naturais (edifícios) e o efeito das iterações nos vários parâmetros é analisado.

Chapter 5: Conclusão e âmbito futuro: neste capítulo, todo o trabalho foi concluído com base nos resultados obtidos e foi apresentado o âmbito futuro.

Capítulo 2

REVISÃO DA LITERATURA

Ragg et.al (1996) apresentam e utilizam os algoritmos genéticos de forma mais indireta. A sua investigação centra-se na construção de redes neuronais capazes de produzir e harmonizar melodias populares simples. Um problema clássico das redes neuronais é chegar a um tamanho de rede ideal: uma rede demasiado grande aprenderá rapidamente mas será incapaz de generalizar; uma rede demasiado pequena generalizará até certo ponto mas será incapaz de resolver o problema. Um algoritmo genético é usado para adicionar e remover pesos e unidades às redes neurais para desenvolver uma rede de tamanho adequado que seja capaz de aprender a uma taxa aceitável e generalizar.

Chang et.al (1998) discutiram dois tipos de AG, com código binário e com código real, para a otimização de funções e a estimativa de parâmetros de modelos. Em ambos os casos, são efectuadas 10 gerações e 100 iterações em cada geração para verificar a estabilidade e a robustez dos métodos. A média dos melhores valores objectivos é registada para cada método. Para a albufeira de controlo de cheias, são estimados quatro parâmetros das regras de controlo por inferência difusa, que são utilizados para determinar a magnitude da libertação de água, de modo a que a libertação maximize a função objetivo para um caudal especificado e um nível de armazenamento inicial. Os resultados experimentais indicam que o AG com código real é melhor do que o AG com código binário nos aspectos de eficiência, flexibilidade e precisão.

Orlinb et.al (2000) sugeriram um algoritmo genético para o Problema de Atribuição Quadrática (QAP). No método proposto, o algoritmo genético incorpora muitos princípios gulosos na sua conceção e, por isso, é referido como um algoritmo genético guloso. As ideias que estão incluídas no algoritmo genético guloso incluem (i) a geração da população inicial utilizando uma heurística de construção aleatória; (ii) novos esquemas de cruzamento; (iii) um esquema de imigração para fins especiais que promove a diversidade; (iv) a otimização local periódica de um subconjunto da população; (v) a criação de torneios entre diferentes populações; e (vi) uma conceção global que tenta encontrar um equilíbrio entre a diversidade e uma tendência para os indivíduos mais aptos. O algoritmo é testado em todas as instâncias de referência do QAPLIB, uma biblioteca bem conhecida de instâncias do QAP. Observa-se experimentalmente que, de um total de 132 instâncias do QAPLIB de tamanhos variados, o algoritmo genético guloso obteve a melhor solução conhecida para 103 instâncias e, para as restantes instâncias (exceto uma), encontrou soluções a menos de 1% das melhores soluções conhecidas.

A validade e a eficácia da codificação do algoritmo genético de valor binário alternativo para a otimização da forma estrutural é apresentada por Woon et.al (2001). O método desenvolvido produz formas óptimas, com base em critérios de rigidez e peso, através de uma sequência de passos baseada em conjuntos de combinações localmente óptimas de nós de fronteira. O método é capaz de identificar e remover material que não contribui significativamente para a rigidez, bem como adicionar material a regiões de modo a aumentar efetivamente a aptidão da estrutura com um custo mínimo para o peso. A investigação também sublinha a capacidade deste método para conceber tanto detalhes locais óptimos como formas globais. O ajuste fino das formas através de tamanhos de passos reduzidos produz limites suaves e transições graduais e apresenta uma ferramenta útil para controlar a fidelidade da otimização de uma determinada superfície.

Shih et.al (2002) propuseram um método de recuperação de cor baseado nas primitivas dos momentos de cor. Depois de dividir uma imagem em vários blocos, os momentos de cor de todos os blocos são extraídos e agrupados em várias classes com base num algoritmo de agrupamento rápido e não iterativo. O vetor médio de cada classe é considerado como uma primitiva da imagem e todas as primitivas são utilizadas como vectores de caraterísticas. São utilizadas duas bases de dados de teste da Corel e os resultados experimentais mostram que o desempenho do método proposto é melhor do que os outros métodos existentes.

O algoritmo genético (AG) para resolver o problema do caixeiro-viajante com restrições de precedência é apresentado por Moon et.al (2002). É desenvolvido um modelo TSPPC que utiliza o modelo de fluxo de rede de duas mercadorias. A ideia principal do AG proposto é uma ordenação topológica (TS), que é definida como uma ordenação de vértices num grafo dirigido. Para problemas de pequena e média dimensão, são obtidas soluções óptimas. Num problema de maior dimensão, a abordagem do AG proposto gera as melhores soluções. As experiências numéricas mostram que o AG proposto produz uma solução óptima e apresenta melhores resultados em comparação com os algoritmos tradicionais.

Husainy (2007) descreve a aplicação do Algoritmo Genético para a compressão de som. A combinação do algoritmo genético com o método de quantização vetorial (VQ) resulta numa boa melhoria do desempenho do método proposto, aumentando a taxa de compressão e mantendo o SNR a um nível aceitável.

Oh et.al (2007) propuseram um quadro para o modelo difuso baseado na granulação de dados. Na abordagem proposta, são definidas algumas funções de afiliação iniciais e as funções polinomiais através da granulação de informação realizada com o agrupamento HCM. O algoritmo genético é utilizado para afinar os valores iniciais das funções de afiliação. Os algoritmos genéticos são também utilizados para otimizar a estrutura e os parâmetros do modelo difuso. Os resultados experimentais mostram que os modelos propostos não sofrem da maldição da dimensionalidade encontrada em algumas outras arquitecturas de sistemas baseados em regras e que o seu desempenho é melhor do que o de alguns outros modelos difusos.

Gorai et.al (2009) propuseram uma técnica de otimização automática de imagens baseada na otimização por enxame de partículas para imagens de nível cinzento. É utilizado um critério objetivo para medir a melhoria da imagem, que tem em conta a entropia e a informação de borda da imagem. É obtida a melhor imagem melhorada de acordo com o critério objetivo, optimizando os parâmetros utilizados na função de transformação com a ajuda da otimização por enxame de partículas. Os resultados são comparados com outras técnicas de melhoramento da imagem, como o alongamento linear do contraste, a equalização do histograma e o melhoramento da imagem baseado no algoritmo genético, e observa-se que o método proposto dá melhores resultados em comparação com as outras técnicas acima mencionadas.

Furtadol et.al (2010) analisaram a classificação de imagens utilizando o algoritmo genético. O uso de diferentes números de classes para classificar uma imagem mostra-se ineficaz, uma vez que os pixels de algumas imagens podem ser notados. O tempo parece interferir na pontuação máxima da classificação. A experiência mostra que o tempo parece afetar mais a classificação do que o número de classes.

Samaraie (2011) propôs um algoritmo de melhoramento de imagens baseado no filtro ponderado, na equalização do histograma e na transformação wavelet para resolver o problema da obtenção de maus resultados para as fotografias com elevado contraste ou elevada gama dinâmica. Os resultados experimentais mostram que a abordagem proposta pode melhorar eficazmente as imagens com elevado contraste. Além disso, não só melhora o brilho e o contraste globais das imagens, como também preserva os pormenores e elimina o ruído. A outra vantagem do método proposto é o facto de ser totalmente automático e não necessitar de definições de parâmetros. Por conseguinte, é útil e adequado para a maioria dos utilizadores de câmaras digitais.

Sabbah et.al (2012) propuseram um método baseado no algoritmo genético de estado estacionário, SSGA, com uma função de aptidão modificada para melhorar as imagens coloridas e obter resultados mais exactos através da remoção do ruído. São desenvolvidos três modelos para melhorar o colorido e a cromaticidade da imagem com diferentes tipos de entrada-saída e diferentes tipos de parâmetros. O algoritmo genético de estado estacionário (SSGA) baseado no algoritmo genético simples (SGA) e no algoritmo genético adaptativo (AGA) é desenvolvido. Observa-se que, embora baseado no AGA, o SSGA não se preocupa com a evolução de um único indivíduo, mas sim com a evolução de todo o grupo.

Verma et.al (2012) propuseram métodos baseados em algoritmos genéticos que medem a aptidão de um indivíduo através da avaliação da intensidade das arestas espaciais incluídas na imagem para o melhoramento do contraste da imagem. Discute-se o melhoramento do contraste da imagem no domínio espacial utilizando o algoritmo genético e a sua extensão baseada na aprendizagem incremental baseada na população (PBIL), que é a extensão do GA. Os resultados experimentais indicam que, se o tempo não for limitado, o PBIL tem melhor resposta do que o GA.

Dubey et. al (2012) propuseram um modelo com várias caraterísticas para o sistema de recuperação de imagens baseado em conteúdos, combinando as caraterísticas do histograma de cores, do momento de cor, da textura e do descritor do histograma de arestas. Os utilizadores têm a possibilidade de selecionar o método de extração de caraterísticas adequado para obter os melhores resultados. Observa-se que os resultados são bastante bons para a maior parte das imagens de consulta e é possível melhorar ainda mais ajustando o limiar e acrescentando feedback de relevância.

Saikrishna et.al (2012) propuseram um método baseado nas primitivas dos momentos de cor. No método, uma imagem é dividida em quatro segmentos e os momentos de cor extraídos dos segmentos são agrupados em quatro classes. A média dos momentos de cada classe é considerada como uma primitiva da imagem. Todas as primitivas são utilizadas como caraterísticas e a média de cada classe é combinada numa única média de classe. A distância entre a média da imagem de consulta e as imagens correspondentes da base de dados é calculada utilizando a soma das diferenças absolutas. Os resultados permitem concluir que o método proposto baseado nos momentos de cor apresenta um melhor desempenho do que os operadores do método do histograma local.

Singh et.al (2012) apresenta um método eficiente de recuperação de imagens em que são combinados o histograma de cores, o momento de cor e os vectores de caraterísticas de textura de Gabor. Na abordagem proposta, de cada região da imagem, são extraídos os três primeiros momentos da distribuição de cores de cada canal de cor e 27 pontos flutuantes da imagem são armazenados no índice. Os resultados experimentais demonstram que o método proposto tem maior exatidão de recuperação em termos de precisão do que outros métodos convencionais que combinam histograma de cor, momento de cor e caraterísticas de textura de Gabor com base numa abordagem de caraterísticas globais. Além disso, observa-se que há um aumento considerável na eficiência da recuperação quando se integram o histograma de cor, o momento de cor e as caraterísticas de textura de Gabor.

Lavania et al. (2012) propuseram um método que desenvolve dois novos filtros: Filtros Centre-to-Boundary e Boundary-to-Boundary utilizando os métodos de Newton Raphson. Estes dois filtros são utilizados para removem os pixéis ruidosos e transformam-nos em pixéis bons. São comparados com o filtro médio existente com base em quatro parâmetros - medida de qualidade da melhoria da imagem, erro quadrático médio, raiz do erro quadrático médio e rácio de ruído pico/sinal. Os resultados experimentais mostram que o filtro centro-para-limite é melhor do que o filtro limite-para-limite e o filtro médio.

O algoritmo genético utilizado para a otimização dos pesos numa rede neural pré-especificada aplicada para decidir o valor do intervalo hello do protocolo de encaminhamento Ad-hoc on Demand Distance Vetor do Mobile Ad-Hoc é apresentado por Dharmistha et.al (2012). Os pesos em diferentes camadas da rede são optimizados utilizando um algoritmo genético. O erro quadrático médio (MSE) e o erro quadrático da soma (SSE) são introduzidos para realçar a validade do modelo. A análise comparativa do algoritmo com a RNA tradicional treinada mostra que a diferença entre os dois é muito pequena, aproximadamente inferior a 0,2.

Sharma et.al (2013) apresentam e discutem as aplicações do algoritmo genético em diferentes tipos de técnicas de ensaio de software, como o ensaio de caixa branca, o ensaio de trajetória, o ensaio de mutação, etc. O algoritmo genético é também utilizado com redes neurais e difusas em diferentes tipos de ensaios. Conclui-se que, com a utilização do algoritmo genético, os resultados e o desempenho de várias técnicas de ensaio são melhorados.

Várias abordagens baseadas no algoritmo genético para obter imagens com um contraste bom e natural são apresentadas por Hole et.al (2013). O algoritmo genético canónico e as tarefas de pré-processamento de imagens são analisados no seu trabalho de investigação. Os algoritmos genéticos são adoptados para obter melhores resultados, tempos de processamento mais rápidos e aplicações mais especializadas. Os resultados experimentais indicam que a otimização depende do esquema de codificação do cromossoma e do envolvimento dos operadores genéticos, bem como da função de aptidão. No entanto, observa-se que a qualidade da segmentação de imagens pode ser melhorada selecionando os parâmetros de uma forma optimizada.

Capítulo 3

TRABALHO ACTUAL

A técnica de melhoramento da imagem é utilizada para converter a imagem original numa imagem melhor. Neste trabalho, o algoritmo genético foi utilizado para melhorar o conteúdo da imagem. O objetivo é melhorar as propriedades de conteúdo da imagem original para obter melhores resultados. O conteúdo é a caraterística básica de uma imagem, que contém informações valiosas úteis para a análise da imagem. O quadro matemático para melhorar o conteúdo das imagens e os parâmetros de seleção são definidos em [5] [21].

3.1 Seleção de parâmetros de transformação

A intensidade I da imagem a cores I_c pode ser determinada por:

$$I(m,n) = 0.2989r(m,n) + 0.587(m,n) + 0.114b(m,n) \quad (1)$$

$_n$em que r, g, b são as componentes vermelha, verde e azul de I_c , respetivamente, e m e n são as localizações dos píxeis na linha e na coluna, respetivamente:

$$I_n(m.n) = \frac{I(m,n)}{255} \quad (2)$$

Foi estudado que as relações lineares de intensidade de entrada-saída não produzem uma boa imagem em comparação com a visualização direta da cena. É utilizada a transformação não linear para DRC, que se baseia na extração de alguma informação do histograma de gama. I_n é mapeado para I_n^{drc} utilizando o seguinte:

$$I_n^{drc} = \begin{cases} (I_n)^x + \alpha & 0 < x < 1 \\ \left(0.5 + (0.5I_n)^x\right) + \alpha & x \geq 1 \end{cases} \quad (3)$$

Para0 $<$ x $<$ 1, os pormenores nas regiões escuras são melhorados e para x $>$ 1, os excessos na imagem são suprimidos de modo a tornar o conteúdo visível para o observador.

O valor de x é dado por:

$$x = \begin{cases} 0.2, if(f(r_1 + r_2) \geq f(r_3 + r_4))\Lambda(f(r_1) \geq f(r_2)) \\ 0.5, if(f(r_1 + r_2) \geq f(r_3 + r_4))\Lambda(f(r_1) \geq f(r_2)) \\ 3.0, if(f(r_1 + r_2) \geq f(r_3 + r_4))\Lambda(f(r_3) \geq f(r_4)) \\ 5.0, if(f(r_1 + r_2) \geq f(r_3 + r_4))\Lambda(f(r_3) \geq f(r_4)) \end{cases} \quad (4)$$

em que $f(r)$ se refere ao número de píxeis entre o intervalo (r), $f(a1 + a2) = f(a1 + a2)$ e Λ é o operador lógico AND.

a é o parâmetro de desvio, que ajuda a ajustar o brilho da imagem.

3.2 Seleção dos parâmetros de restauração surround e de cor

Muitos métodos de melhoramento local baseiam-se em rácios centro/surround [5]. A Gaussiana foi investigada como a função surround óptima. Foi investigado que a forma Gaussiana produziu uma boa compressão da gama dinâmica numa gama de constantes espaciais. A informação de luminância dos píxeis circundantes é obtida utilizando a convolução espacial discreta 2D com um núcleo gaussiano, $G(m, n)$, definido como:

$$G(m,n) = K \exp\left[\frac{-(m^2 + n^2)}{\sigma_s^2}\right] \quad (5)$$

em que c_s é a constante do espaço envolvente igual ao desvio-padrão de $G(m, n)$ e K é determinado pela constante que $\sum_{m,n} G(m,n) = 1$

A melhoria do contraste centro-surround é definida como:

$$I_{enh}(m,n) = 255(I_n^{drc}(m,n))^{E(m,n)} \quad (6)$$

em que $E(m, n)$ é dado por:

$$E(m,n) = \left[\frac{I_{filt}(m,n)}{I(m,n)}\right]^S \quad (7)$$

$$I_{filt}(m,n) = I(m,n) * G(m,n) \quad (8)$$

S é um parâmetro de melhoramento adaptativo relacionado com o desvio padrão global da imagem de intensidade de entrada, $I(m,n)$e * é o operador de convolução, $I(m,n)$ é definido por:

$$S = \begin{cases} 3 & for\ \sigma \leq 7 \\ 1.5 & for < \sigma \leq 20 \\ 1 & for\ \sigma \leq 7 \end{cases} \quad (9)$$

O é o desvio-padrão do contraste da imagem de intensidade original; se $o < 7$, a imagem tem um contraste fraco e o contraste da imagem será aumentado. Se $a > 20$, a imagem tem contraste suficiente e o contraste não será alterado. Finalmente, a imagem melhorada pode ser obtida através da restauração linear da cor com base na informação cromática contida na imagem original:

$$S_j(x,y) = I_{enh}(x,y)\frac{I_j(x,y)}{I(x,y)}\lambda_j \quad (10)$$

3.3 Parâmetro de intensidade normalizada

Se μ_n for o parâmetro de intensidade normalizado, então, para imagens em escala de cinzentos, o parâmetro de intensidade normalizado pode ser avaliado como:

$$\mu_n = \begin{cases} \frac{\mu}{225} & \text{for } \mu < 154 \\ 1 - \frac{\mu}{225} & \text{otherwise} \end{cases} \quad (11)$$

em que μ é o brilho médio da imagem. Considera-se que uma região tem um brilho adequado para $0.4 \leq \mu \leq 0.6$ [21].

3.4 Parâmetro de contraste normalizado

O parâmetro de contraste normalizado (σ_n) pode ser dado como:

$$\sigma_n = \begin{cases} \frac{\sigma}{225} & \text{for } \sigma < 154 \\ 1 - \frac{\sigma}{225} & \text{otherwise} \end{cases} \quad (12)$$

em que σ é o desvio padrão. Considera-se que uma região tem contraste suficiente quando $0.25 \leq \sigma_n \leq 0.5$, for $\sigma_n < 0.25$ a região tem um contraste fraco e para $\sigma_n > 0.5$, a região tem demasiado contraste [21].

3.5 Parâmetro de nitidez normalizado

Seja S_n o parâmetro de nitidez normalizado dado como:

$$S_n = \min(2.0, \frac{S}{100}) \quad (13)$$

Quando $S_n > 0{,}8$, a região tem nitidez suficiente.

A nitidez (S) é diretamente proporcional ao conteúdo de alta frequência de uma imagem e é dada como

$$S = \sqrt{\|h \otimes I\|^2} = \sqrt{\sum_{v_1=0}^{M_1-1} \sum_{v_2=0}^{M_2-1} \left|\hat{h}[v_1,v_2]\hat{I}[v_1,v_2]\right|} \quad (14)$$

onde h é um filtro passa-altas obtido a partir da transformada discreta inversa de Fourier (IDFT) e *hi* é a sua transformada discreta direta de Fourier (DFT). *I* é a DFT da imagem *I*. O papel de *hi* (ou *h*) é ponderar a energia nas altas frequências em relação às baixas frequências, enfatizando assim a contribuição das altas frequências para *S*. Quanto maior for o valor de *S*, maior será a nitidez de *I*.

Pelo contrário,

$$h = IDFT\left(1 - \exp\left(-\frac{v_1^2 + v_2^2}{\alpha^2}\right)\right) \quad (15)$$

em que v_1 e $v2$ são os parâmetros espaciais. Aqui, a é o parâmetro de atenuação que representa o decaimento da resposta ao impulso do filtro Gaussiano. Um valor mais pequeno de a implica que menos frequências são atenuadas e vice-versa. O parâmetro *I* representa a imagem dada.

3.6 Fator de qualidade da imagem

Os parâmetros on, ^n e Sn são utilizados para avaliar a qualidade da imagem ou o fator de qualidade (Q) definido como:

$$Q = 0.5\mu_n + \sigma_n + 0.1S_n \quad (16)$$

onde o valor de Q se situa entre 0 e 1. A qualidade de uma imagem exprime os pormenores ocultos na imagem.

3.7 Objectivos

O objetivo deste livro é conceber um Algoritmo Genético Contínuo para melhorar o conteúdo de imagens naturais e não naturais, tais como edifícios. Os objectivos do livro são os seguintes

1. Melhorar o conteúdo de várias imagens utilizando o algoritmo genético proposto e estudar o efeito de iterações sucessivas na qualidade da imagem.
2. Estudar o efeito das iterações do algoritmo genético proposto no brilho médio das imagens.
3. Estudar o efeito de iterações sucessivas no contraste médio das várias imagens utilizando o algoritmo genético proposto.
4. Avaliação subjectiva da qualidade da imagem e melhoria do conteúdo das várias imagens em diferentes iterações utilizando MOS.

3.8 Metodologia

Neste estudo, foi feita uma tentativa de melhorar os detalhes das imagens digitais naturais e não naturais utilizando o algoritmo genético melhorado, de modo a que o observador as visualize melhor do que as imagens originais. A metodologia do trabalho começa com uma visão geral do Algoritmo Genético e implementa o algoritmo proposto para 1000 iterações sucessivas em cinco imagens naturais e cinco não naturais, como edifícios, respetivamente. O efeito das iterações no brilho, contraste, nitidez e qualidade da imagem é analisado. A metodologia para a implementação dos objectivos pode ser resumida da seguinte forma:

a) Estudar o Algoritmo Genético.
b) Selecionar cinco imagens naturais e cinco não naturais, como edifícios, respetivamente, às quais será aplicado o algoritmo proposto durante 1000 iterações sucessivas.
c) Analisar a capacidade do algoritmo variando os diferentes parâmetros do ADN com as sucessivas iterações.
d) Implementar o algoritmo proposto para 1000 iterações sucessivas de uma imagem.

3.9 Conceção e implementação

A conceção e a aplicação do sistema proposto são explicadas em duas secções: Conceção ao nível do algoritmo, juntamente com o fluxograma na secção 3.9.1 e implementação na secção 3.9.2. Neste estudo, foi feita uma tentativa de melhorar os detalhes das imagens digitais naturais e não naturais utilizando o algoritmo genético melhorado, de modo a que o observador as visualize melhor do que as imagens originais.

3.9.1 Conceção ao nível do algoritmo

O Algoritmo Genético Contínuo modificado é apresentado na Figura 3.1 sob a forma de um fluxograma. Os passos seguintes foram executados para atingir este objetivo.

i) Capturar imagens digitais naturais

As imagens naturais foram captadas com uma câmara digital de 16,1 megapixéis.

ii) Inicialização da população

No nosso trabalho de investigação, foi gerada uma população inicial de 10 ADNs aleatórios. Utilizámos um algoritmo genético contínuo em que a codificação real é utilizada para representar uma solução. A vantagem dos AG com valores reais é o facto de serem mais consistentes, precisos e de execução mais rápida do que as representações binárias.

Na nossa investigação, cada ADN aleatório consiste em 10 genes definidos por r_{1a}, $r1_b$, r_{2a}, r_2 b, r_{3a}, r_3 b, r_{4a}, r_4 b,*a*, *y* .Aqui, l_1 ,l_2 ,l_3 e l_4 são as diferenças entre os subintervalos r_{1a}~r_{1b}, r_{2a}~r_{2b},r_3 *a* ~r_3 b,r_4 *a* ~r_4 *b,a,yrespectivamente*. l_1 ,12,l_3 e l_4 são comprimentos aleatórios gerados entre os intervalos 20 e 150. A soma de l_1 ,l_2 ,l_3 e l_4 não deve exceder 255. Por conseguinte, é introduzido um fator de redução com o qual as respectivas diferenças l_1 ,l_2 ,l_3 e l_4 são multiplicadas. Este fator é descrito da seguinte forma:

$$reduction\ factor = \frac{255}{\sum_{i=1}^{4} l_i} \quad (17)$$

O ADN é definido por parâmetros:

$r1_a = 0, r1_b = r1_a + 1, r2_a = r1_b + 1, r2_b = r2_a + 2, r3_a = r2_b + 1, r3_b = r3_a + 3, r4_a = r3_b + 1, r4_b = 255$

, um valor de a é tomado de -1 a 1 com um incremento automático de 0,1 e y é tomado de -10 a 10 com um incremento automático de 0,1.

iii) Processo de melhoramento do conteúdo utilizando o respetivo ADN

A equação (4) é aplicada aos parâmetros de ADN $r_{1a}, r_{1b}, r_{2a}, r_{2b}, r_{3a}, r_{3b}, r_{4a}, r_{4b}$. O resultado do processo de melhoramento do conteúdo é um conteúdo melhorado da imagem.

iv) Calcular a função de aptidão Q_n

As imagens digitais naturais são redimensionadas para 510x510 pixéis e foram construídas sub-imagens de 50x 50 pixéis, sendo calculada a qualidade de cada sub-imagem. Na nossa investigação, verificou-se que a seguinte função de aptidão (qualidade da imagem) é uma boa escolha para um critério objetivo.

$$Q_n = \frac{\sum p_i}{(M-1)} \quad (18)$$

em que M é o total de sub-imagens da imagem, p_i é o número total de sub-imagens da imagem com $Q > 0{,}55$ e Q é definido pela equação (16).

v) Ordenar a função de aptidão Q_n por ordem decrescente

A função de aptidão obtida para a população de ADNs é ordenada por ordem decrescente.

vi) Obter os ADN correspondentes à função de aptidão ordenada

Os ADNs correspondentes às funções de aptidão ordenadas são obtidos e representam agora a população de ADN a utilizar nas etapas seguintes. O primeiro ADN representa o melhor ADN correspondente à melhor função de aptidão Q_1.

vii) Processo de melhoramento de conteúdos para apresentar a melhor imagem correspondente ao ADN1

Todas as formulações matemáticas utilizadas na etapa 3 são repetidas e o resultado é apresentado.

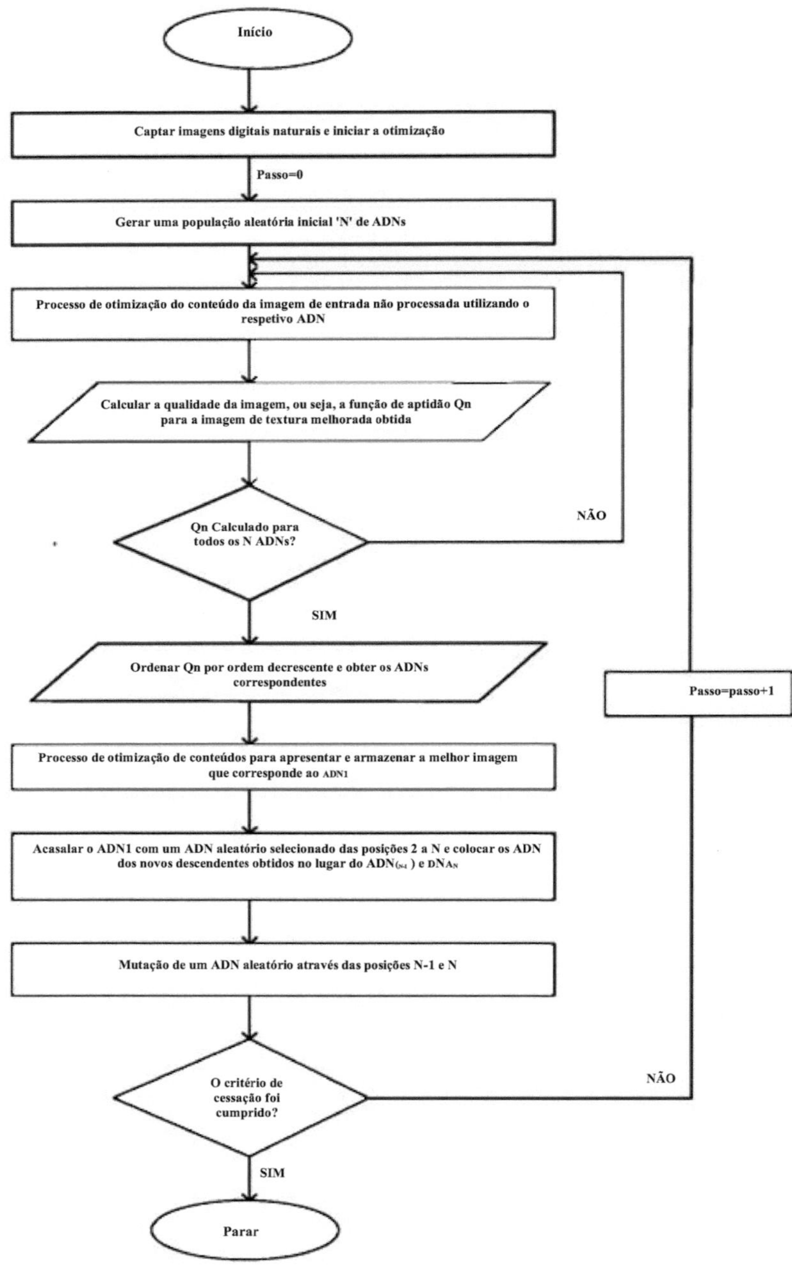

Figura 3.1: Fluxograma do melhoramento do conteúdo de imagens naturais utilizando CGA modificado

viii) Acasalamento

Acasalar o primeiro ADN com um ADN aleatório '*m*' selecionado das posições 2 a 10. A *cadeia*₁ obtida a partir do ADN1 é representada por:

$$string_1 = [l_{1_1}, l_{2_1}, l_{3_1}, l_{4_1}, \alpha_1, y_1] \quad (19)$$

em que l_1 , l_2 , l_3 e l_4 são as diferenças entre as sub-gamas e *a cadeia*₂ obtidas a partir de O ADN2 é representado como:

$$string_1 = [l_{1_m}, l_{2_m}, l_{3_m}, l_{4_m}, \alpha_m, y_m] \quad (20)$$

É escolhida uma posição aleatória para o cruzamento entre 1 e 5. Os ADNs são emendados e são representados como:

$$string_3 = [string_1(1:i), string_2(i+1:6)] \quad (21)$$

$$string_4 = [string_2(1:i), string_1(i+1:6)] \quad (22)$$

Da *cadeia* ;3

11 = $string3_{(1)}$, 12 = $string3_{(2)}$), 13 = $string3_{(3)}$), 14= string3 ,(4) a = $string3_{(5)}$, y = $string3_{(6)}$

Utiliza-se a equação (15) e, em seguida, as respectivas diferenças

11,12,13 e l_4 são multiplicados com ele. O ADN é definido pelos parâmetros: $r1_a = 0$, $r_{1b} = r_{1a} + l_1$, $r_{2a} = r_{1b} + 1$, $r_{2b} = r_{2a} + l_2$, $r_{3a} = r_{2b} + 1$, $r_{3b} = r_{3a} + l_3$, $r_{4a} = r_{3b} + 1$, $r_{4b} = 255$, Um V^ de a é tomado de -1 a 1 com um incremento automático de 0.1 e y é obtido de -10 a 10 com um incremento automático de 0,1.

Assim, a descendência 1st é reconstruída a partir da *cadeia*₃ . Da mesma forma, a descendência 2nd é reconstruída a partir *da cadeia*₄ . Coloque os ADNs das novas descendências no lugar de DNAN e DNAN-1.

ix) Mutação

Mutar um ADN aleatório através da posição N - terra N que contém o ADN da nova descendência. A diferença entre os subintervalos do ADN aleatório escolhido é calculada para dar as respectivas diferenças como

$$l_1 = r_{1b} - r_{1a} \quad (23)$$

$$l_2 = r_{2b} - r_{2a} \quad (24)$$

$$l_3 = r_{3b} - r_{3a} \quad (25)$$

$$l_4 = r_{4b} - r_{4a} \quad (26)$$

A cadeia é representada como:

$$string_5 = [l_1, l_2, l_3, l_4, \alpha, y] \quad (27)$$

Em seguida, é selecionado um gene aleatório da cadeia 5 e a alteração é introduzida em conformidade. O ADN é reconstruído utilizando a equação (17), multiplicando as respectivas diferenças l_1 , l_2 , l_3 e l_4 . O ADN é definido pelos parâmetros $r_a = 0$, $r1_b = r1_a + l_1$, $r_2 a = r1_b + 1$, $r_2 b = r_2 a + l_2$, $r_{3a} = r_{2b} + 1$, $r_b = r_a + l_3$, $r_{4a} = r_{3b} + 1$, $r_{4b} = 255$, um valor de U é tomado de -1 a 1 com um incremento automático de 0,1 e y é tomado de -10 a 10 com um incremento automático de 0,1.

x) Passar à etapa 3 e repetir

O algoritmo pára após um número pré-determinado de iterações. O algoritmo repete-se, voltando ao passo 3, a menos que o número predeterminado de iterações para melhorar o conteúdo da imagem não tenha terminado.

3.9.2 Aplicação

A codificação do programa em MATLAB é efectuada para o melhoramento do conteúdo de imagens naturais e não naturais utilizando componentes de algoritmo genético contínuo. A interface gráfica do utilizador para o problema é apresentada na Figura 3.2.

"MATLAB significa "Matrix Laboratory", MATLAB é um ambiente de computação numérica e uma linguagem de programação. Criado pela MathWorks, o MATLAB permite a manipulação fácil de matrizes, a representação gráfica de funções e dados, a implementação de algoritmos, a criação de interfaces de utilizador e a interface com programas noutras linguagens. O MATLAB é construído em torno da linguagem MATLAB, por vezes designada por código M ou simplesmente M."- [18]

A Caixa de Ferramentas de Processamento de Imagem é uma coleção de funções que ampliam a capacidade do ambiente de computação numérica MATLAB. A caixa de ferramentas suporta uma vasta gama de operações de processamento de imagem. Neste trabalho, para conceber e implementar o melhoramento de imagens escuras naturais e não naturais utilizando um código de algoritmo genético melhorado, utilizámos a caixa de ferramentas de processamento de imagem do MATLAB versão 7.14.0.739(R2012a). A figura 3.2 mostra a interface gráfica do MATLAB.

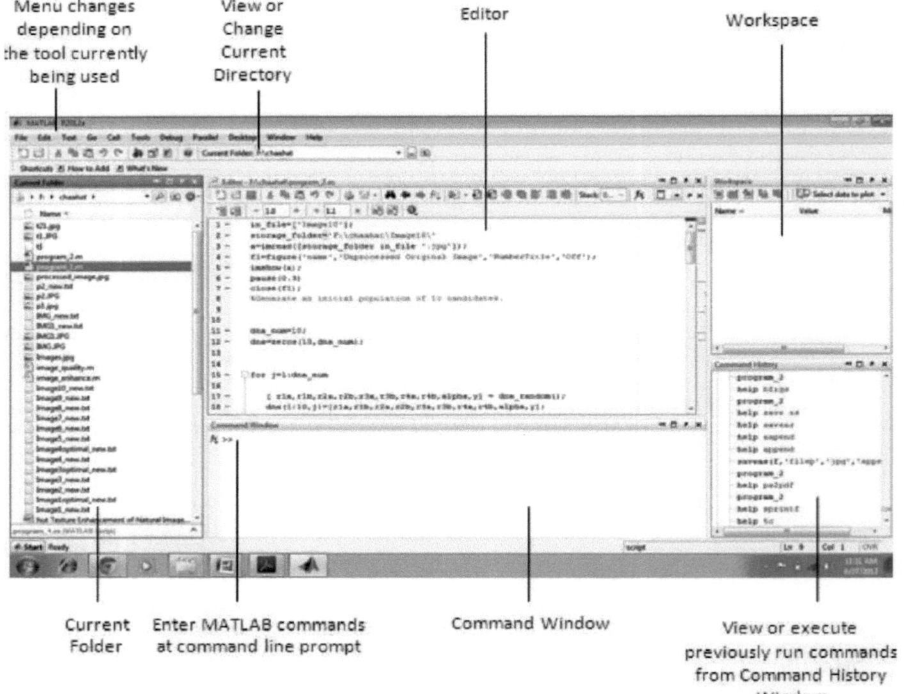

Figura 3.2: Interface gráfica para o espaço de trabalho MATLAB

Capítulo 4

RESULTADOS E DEBATES

4.1 Introdução

O algoritmo proposto é aplicado durante 1000 iterações sucessivas em cinco imagens naturais e cinco imagens não naturais, como edifícios, respetivamente. O objetivo da primeira experiência é estudar o efeito das iterações sucessivas na qualidade das imagens. A segunda experiência é efectuada para estudar o efeito das iterações na luminosidade média das imagens. A terceira experiência é efectuada para estudar o efeito das iterações no contraste das imagens. Nesta quarta experiência, é efectuada uma análise subjectiva.

4.2 Experiência I: Efeito das iterações na qualidade da imagem

Para esta experiência, foram selecionadas cinco imagens naturais e cinco não naturais, como edifícios. As qualidades das diferentes imagens foram melhoradas através da aplicação da CGA proposta nas imagens, variando as iterações de 1 a 1000.

As imagens digitais naturais são redimensionadas para 510x510 pixéis e foram construídas sub-imagens de 50x 50 pixéis, sendo calculada a qualidade de cada sub-imagem. Na nossa investigação, verificou-se que a seguinte função de aptidão (qualidade da imagem) é uma boa escolha para um critério objetivo (18).

M é o total de sub-imagens da imagem, $\sum p_i$ é o número total de sub-imagens da imagem com $Q > 0,55$ e Q é definido pela equação (14).

A imagem original não processada, juntamente com as imagens em que a qualidade e o conteúdo melhoram, são apresentadas nas várias figuras. Além disso, as tabelas e os gráficos associados são traçados e são mostrados, respetivamente

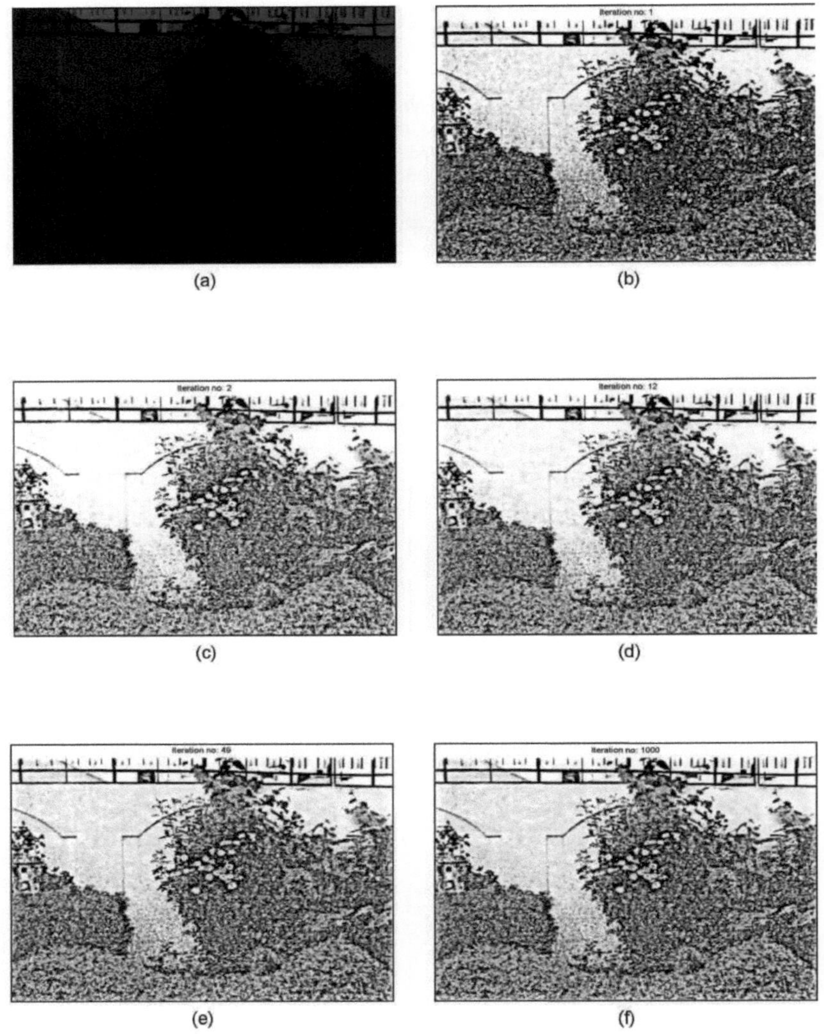

Figura 4.1 Exp. I: Melhoria do conteúdo da imagem de entrada 1 para diferentes valores de números de iteração (a) Imagem original não processada (b) Iteração n.º = 1 (c) Iteração n.º = 2 (d) Iteração n.º = 12 (e) Iteração n.º = 49 (f) Iteração n.º = 1000

Tabela 4.1 Exp. I: Qualidade da imagem e parâmetros de ADN com iterações sucessivas

Iteração nº.	**Qualidade**	**Parâmetros de ADN**									
1	0.10	0	87	88	114	115	167	168	255	0.4	2.2
2	0.14	0	89	90	116	117	171	172	255	0.2	1.8

Iteração nº.	Qualidade	Parâmetros de ADN									
12	0.17	0	91	92	118	119	177	178	255	0.2	1.6
49	0.20	0	92	93	119	120	179	180	255	0.2	1.4
100	0.20	0	92	93	119	120	179	180	255	0.2	1.4
200	0.20	0	92	93	119	120	179	180	255	0.2	1.4
500	0.20	0	92	93	119	120	179	180	255	0.2	1.4
1000	0.20	0	92	93	119	120	179	180	255	0.2	1.4

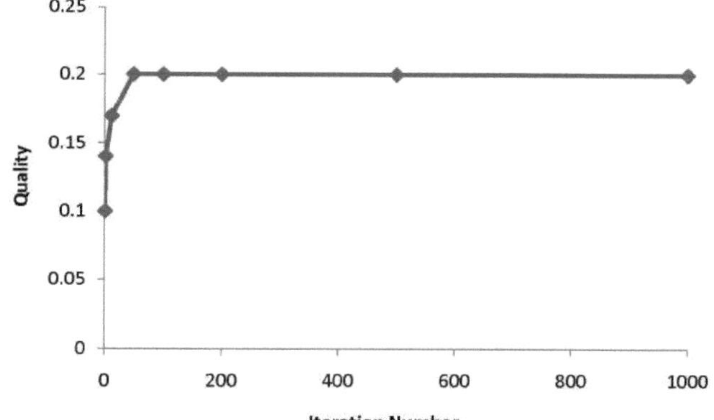

Figura 4.2 Exp. I: Gráfico da qualidade versus número de iterações

A partir da Figura 4.1, da Figura 4.2 e da Tabela 4.1, é possível observar

- Com o aumento do valor da iteração, a qualidade da imagem é melhorada.
- O conteúdo e a qualidade da imagem de entrada são melhorados nos números de iteração 1, 2, 12 e 49.
- A metade inferior esquerda e a metade direita da imagem mostram os pormenores das folhas que não são visíveis anteriormente.

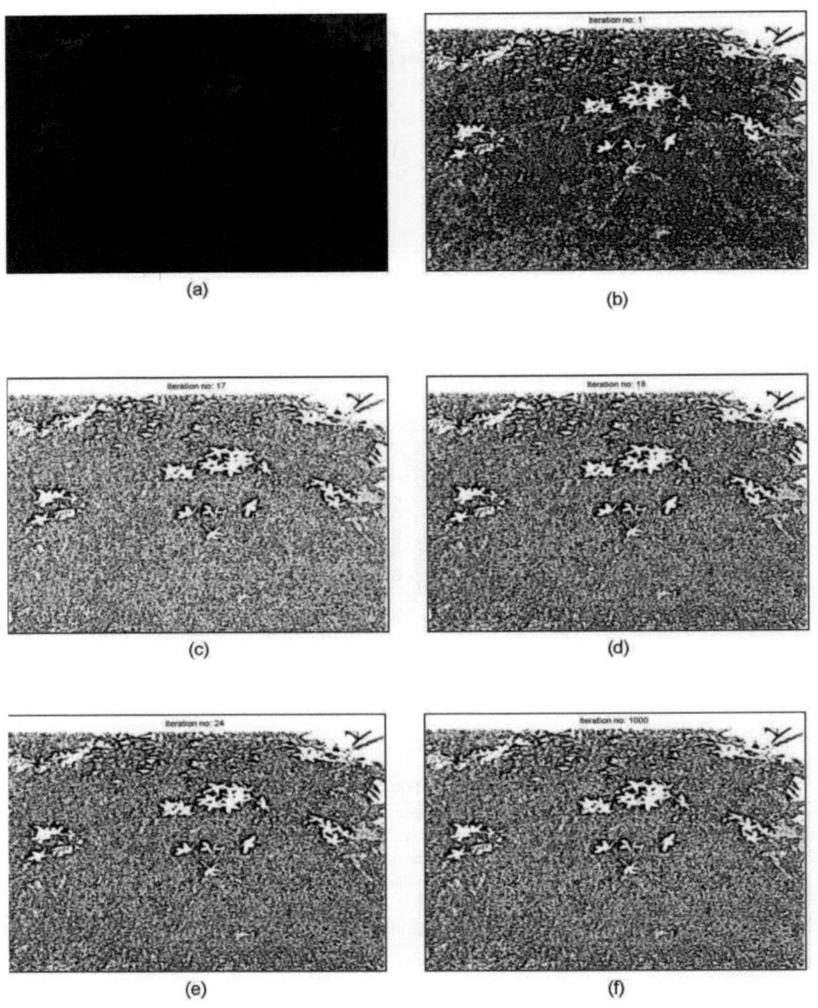

Figura 4.3 Exp. I: Melhoria do conteúdo da imagem de entrada 2 para diferentes valores de números de iteração (a) Imagem original não processada (b) N.º de iteração = (c) N.º de iteração = 17 (d) N.º de iteração = 18 (e) N.º de iteração = 24 (f) N.º de iteração = 1000

Tabela 4.2 Exp. I: Qualidade da imagem e parâmetros de ADN com iterações sucessivas

Iteração nº.	**Qualidade**	**Parâmetros de ADN**									
1	0.01	0	23	24	94	95	147	148	255	-0.40	7.3
17	0.04	0	28	29	115	116	210	211	255	-0.27	7.3
18	0.09	0	17	18	92	93	177	178	255	-0.30	7.3
24	0.10	0	19	20	103	104	164	165	255	-0.37	7.4

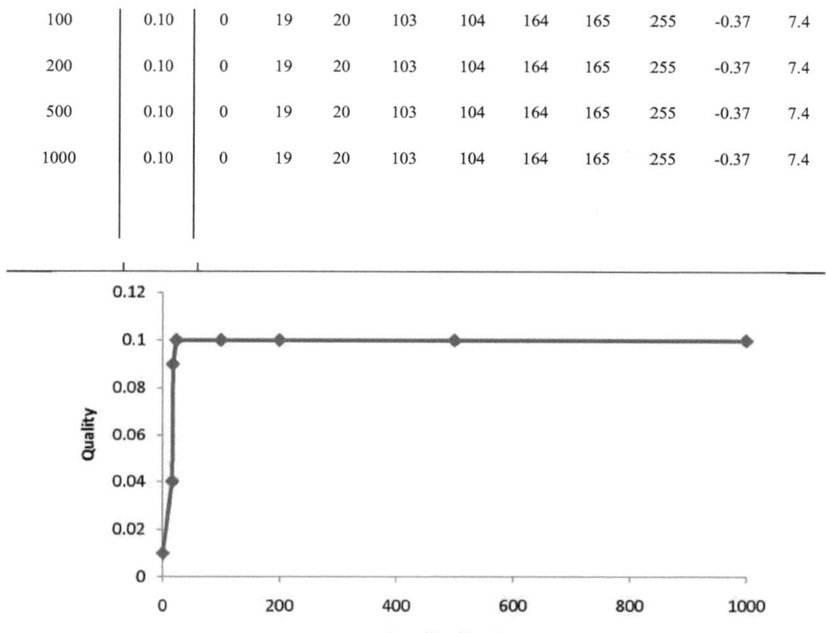

100	0.10	0	19	20	103	104	164	165	255	-0.37	7.4
200	0.10	0	19	20	103	104	164	165	255	-0.37	7.4
500	0.10	0	19	20	103	104	164	165	255	-0.37	7.4
1000	0.10	0	19	20	103	104	164	165	255	-0.37	7.4

Figura 4.4 Exp. I: Gráfico da qualidade versus número de iterações

A partir da Figura 4.3, da Figura 4.4 e da Tabela 4.2, é possível observar

- O conteúdo e a qualidade da imagem de entrada são melhorados nas iterações 1, 17, 18 e 24.
- Na imagem original não processada, não são revelados quaisquer pormenores das folhas. Mas com as iterações sucessivas, os vários conteúdos da imagem são melhorados. As flores podem ser vistas claramente e as folhas são vistas de forma distinta.

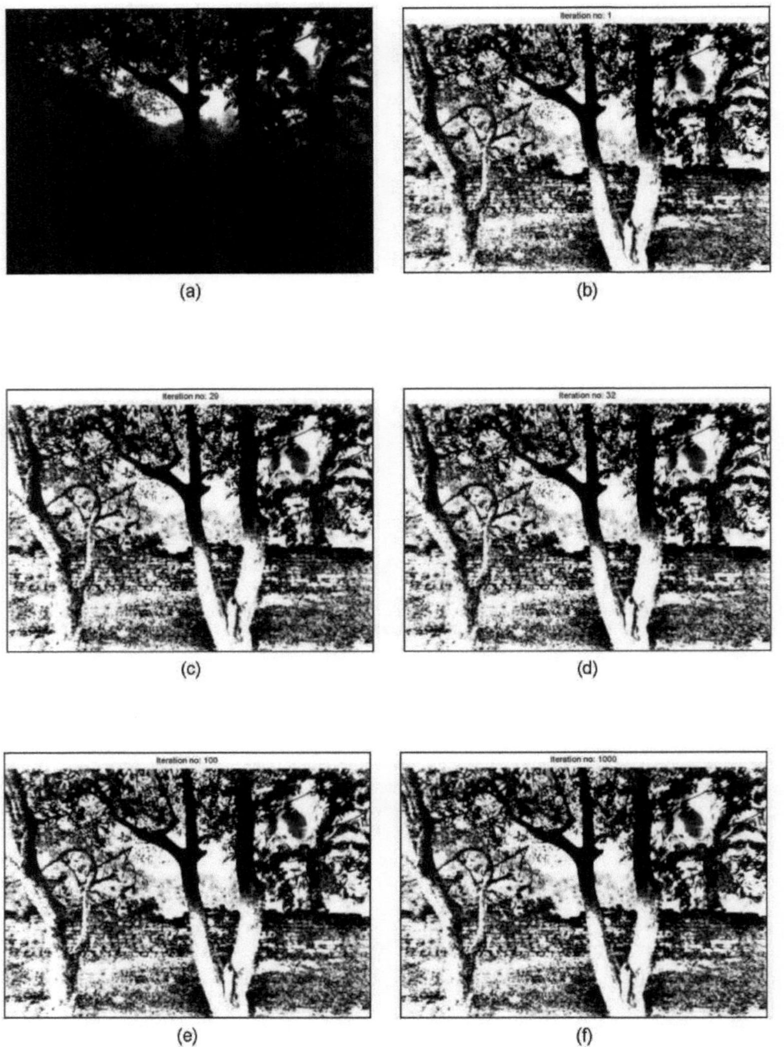

Figura 4.5 Exp. I: Melhoria do conteúdo da imagem de entrada 3 para diferentes valores de números de iteração (a) Imagem original não processada (b) Iteração n.º = 1 (c) Iteração n.º =29 (d) Iteração n.º = 32 (e) Iteração n.º = 100 (f) Iteração n.º = 1000

Iteração nº.	**Qualidade**	**Parâmetros de ADN**									
1	0.46	0	58	59	114	115	188	189	255	-0.30	4.90
29	0.48	0	65	68	117	118	194	195	255	-0.30	5.10
32	0.50	0	85	86	135	136	201	202	255	-0.30	5.60

50	0.50	0	85	86	135	136	201	202	255	-0.30	5.60
100	0.50	0	85	86	135	136	201	202	255	-0.30	5.60
200	0.50	0	85	86	135	136	201	202	255	-0.30	5.60
500	0.50	0	85	86	135	136	201	202	255	-0.30	5.60
1000	0.50	0	85	86	135	136	201	202	255	-0.30	5.60

Figura 4.6 Exp. I: Gráfico da qualidade versus número de iterações

A partir da Figura 4.5, da Figura 4.6 e da Tabela 4.3, é possível observar

- Com as iterações sucessivas, o conteúdo e a qualidade da imagem são melhorados nas iterações 1, 29, 32 e 100.
- Observa-se que os resultados começam a estabilizar após 150 iterações. Por conseguinte, são escolhidas 1000 iterações como critério de paragem para o algoritmo proposto, a fim de excluir qualquer desestabilização adicional no processo de melhoramento do conteúdo.
- Na imagem original, não é visível qualquer conteúdo de tijolo. Mas com o progresso do algoritmo, os ramos, o tronco e as folhas da árvore tornam-se visíveis. Também se pode observar que existe uma parede por detrás das árvores, cujo conteúdo é muito claro após o processamento.

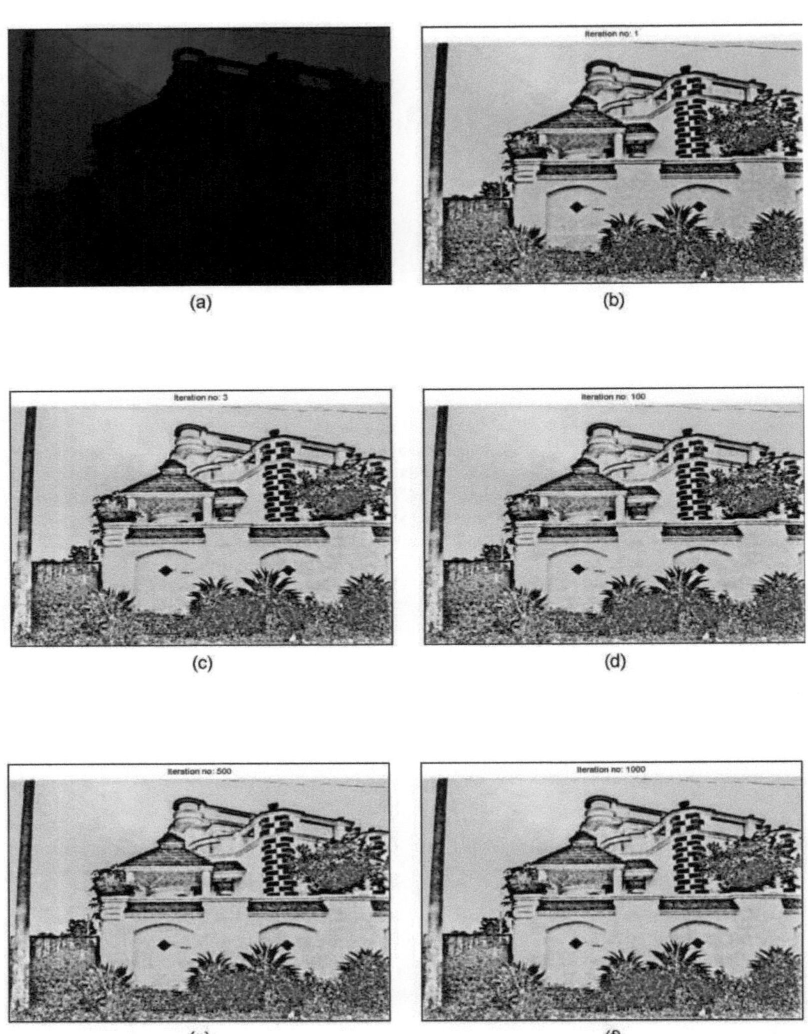

Figura 4.7 Exp. I: Melhoria do conteúdo da imagem de entrada 4 para diferentes valores de números de iteração (a) Imagem original não processada (b) N.º de iteração = 1 (c) N.º de iteração =3 (d) N.º de iteração = 100 (e) N.º de iteração = 500 (f) N.º de iteração = 1000

Tabela 4.4 Exp I: Qualidade da imagem e parâmetros de ADN com iterações sucessivas

Iteração nº.	**Qualidade**	**Parâmetros de ADN**									
1	0.31	0	26	27	85	86	159	160	255	0.20	1
3	0.40	0	122	123	150	151	196	197	255	0.30	1
50	0.40	0	122	123	150	151	196	197	255	0.30	1

100	0.40	0	122	123	150	151	196	197	255	0.30	1
200	0.40	0	122	123	150	151	196	197	255	0.30	1
500	0.40	0	122	123	150	151	196	197	255	0.30	1
700	0.40	0	122	123	150	151	196	197	255	0.30	1
1000	0.40	0	122	123	150	151	196	197	255	0.30	1

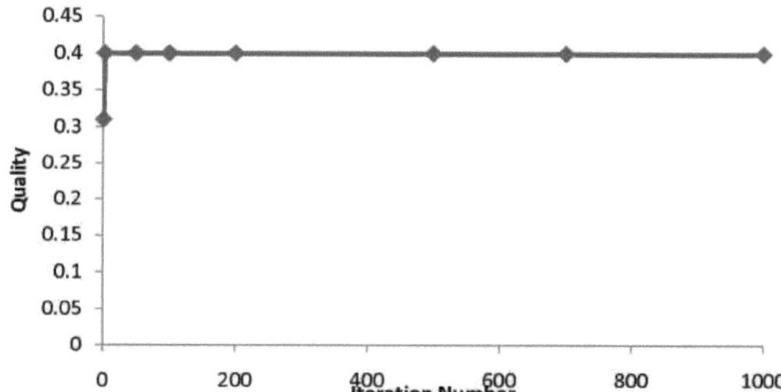

Figura 4,8 Exp. I: Gráfico da qualidade em função do número de iterações

A partir da Figura 4.7, da Figura 4.8 e da Tabela 4.4, é possível observar

- A imagem obtida é uma imagem não natural, ou seja, um edifício cujo conteúdo não é facilmente visível na imagem.
- O conteúdo da imagem é melhorado nas iterações 1, 3 e 100.
- Na iteração número 100, pode ver-se claramente que quase todo o conteúdo da imagem é visível. Não havia nada visível na parte inferior esquerda da imagem original, que agora é claramente visível. Observa-se que os resultados começam a estabilizar após 150 iterações. Por conseguinte, são escolhidas 1000 iterações como critério de paragem para o algoritmo proposto, para excluir qualquer desestabilização adicional no processo de melhoramento do conteúdo.

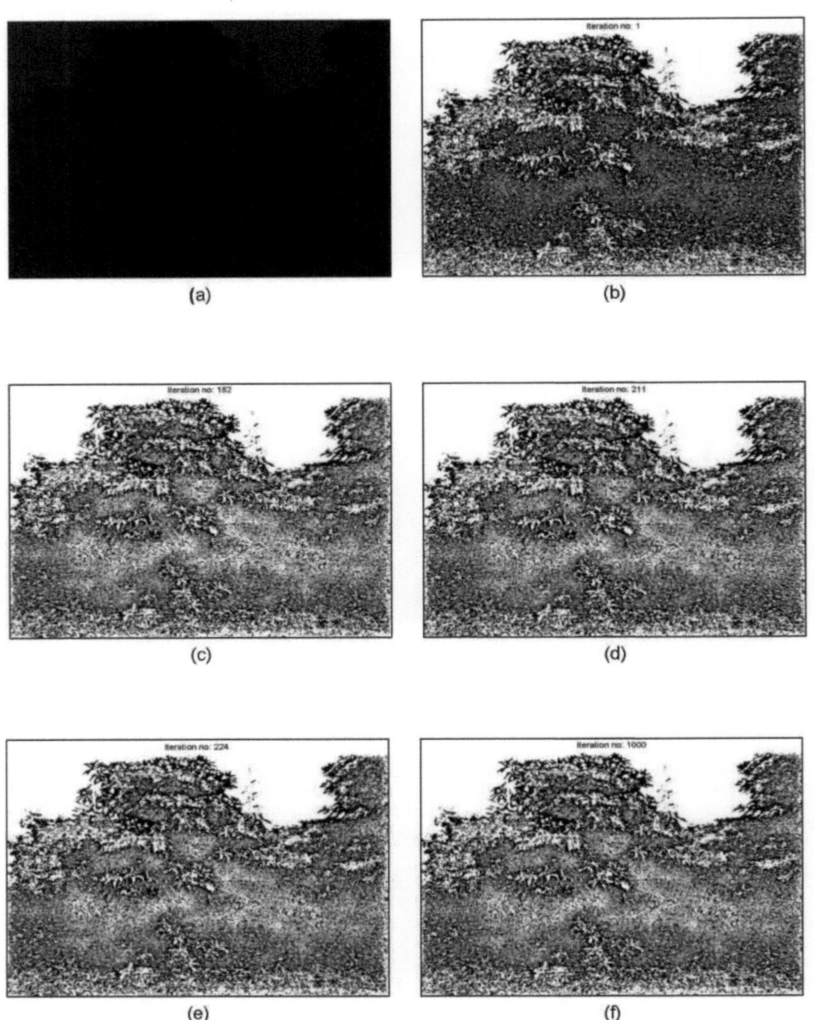

Figura 4.9 Exp. I: Melhoria do conteúdo da imagem de entrada 5 para diferentes valores de números de iteração (a) Imagem original não processada (b) Iteração n.º = 1 (c) Iteração n.º =182 (d) Iteração n.º =211 (e) Iteração n.º =224 (f) Iteração n.º = 1000

Tabela 4.5 Exp I: Qualidade da imagem e parâmetros de ADN com iterações sucessivas

Iteração nº.	Qualidade	Parâmetros de ADN									
1	0.14	0	96	97	98	119	124	215	255	-0.20	6
182	0.15	0	99	100	121	122	220	221	255	-0.10	6
185	0.16	0	100	101	122	123	222	223	255	-0.10	6.10

211	0.18	0	103	104	125	126	229	230	255	-0.10	5.60
224	0.19	0	105	106	127	128	233	234	255	-0.10	5.50
500	0.19	0	105	106	127	128	233	234	255	-0.10	5.50
700	0.19	0	105	106	127	128	233	234	255	-0.10	5.50
1000	0.19	0	105	106	127	128	233	234	255	-0.10	5.50

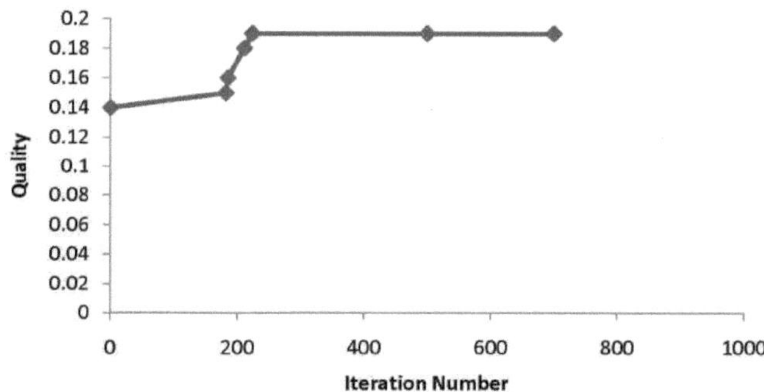

Figura 4.10 Exp. I: Gráfico da qualidade versus número de iterações

A partir da Figura 4.9, da Figura 4.10 e da Tabela 4.5, é possível observar

- A imagem que está a ser melhorada é uma imagem natural. Na imagem original, nada pode ser dito sobre a imagem, exceto uma vaga ideia de que pode haver folhas na imagem.
- Com o progresso das iterações, o conteúdo e a qualidade são melhorados. A qualidade aumenta nas iterações 1, 182, 211 e 229, respetivamente.
- Verifica-se que a qualidade está sempre a aumentar ou permanece constante. Mas nunca diminui com as sucessivas iterações. Observa-se que os resultados começam a estabilizar após 300 iterações.

Figura 4.11 Exp. I: Melhoria do conteúdo da imagem de entrada 6 para diferentes valores de números de iteração (a) Imagem original não processada (b) Iteração n.º = 1 (c) Iteração n.º = 34 (d) Iteração n.º = 95 (e) Iteração n.º = 123 (f) Iteração n.º = 1000

Iteração nº.	Qualidade	ADN Parâmetros									
1	0.01	0	63	64	98	99	176	177	255	-0.40	6.3
34	0.02	0	57	58	94	95	177	178	255	$1.1e^{-16}$	6.3
95	0.03	0	60	61	98	99	185	186	255	-0.30	6.2

123	0.05	0	62	63	100	101	189	190	255	-0.30	5.7
200	0.05	0	62	63	100	101	189	190	255	-0.30	5.7
500	0.05	0	62	63	100	101	189	190	255	-0.30	5.7
700	0.05	0	62	63	100	101	189	190	255	-0.30	5.7
1000	0.05	0	62	63	100	101	189	190	255	-0.30	5.7

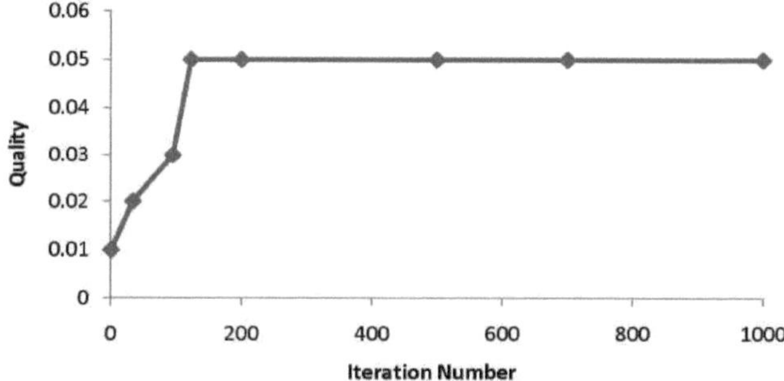

Figura 4.12 Exp. I: Gráfico da qualidade versus número de iterações

A partir da Figura 4.11, da Figura 4.12 e da Tabela 4.6, é possível observar

- A imagem captada é uma imagem escura. Não é possível a um observador perceber se a imagem captada é uma imagem natural ou uma imagem não natural.
- O melhoramento do conteúdo da imagem de entrada tem lugar para diferentes valores dos números de iteração 1, 34, 95 e 123. Na iteração n.º 1, o conteúdo da imagem torna-se visível, consistindo em alguns arbustos pontiagudos e algumas flores de cor púrpura. Também se pode concluir que existe uma fonte de luz nas proximidades que faz refletir o conteúdo da imagem numa parede atrás deles. Observa-se que os resultados começam a estabilizar após 200 iterações.

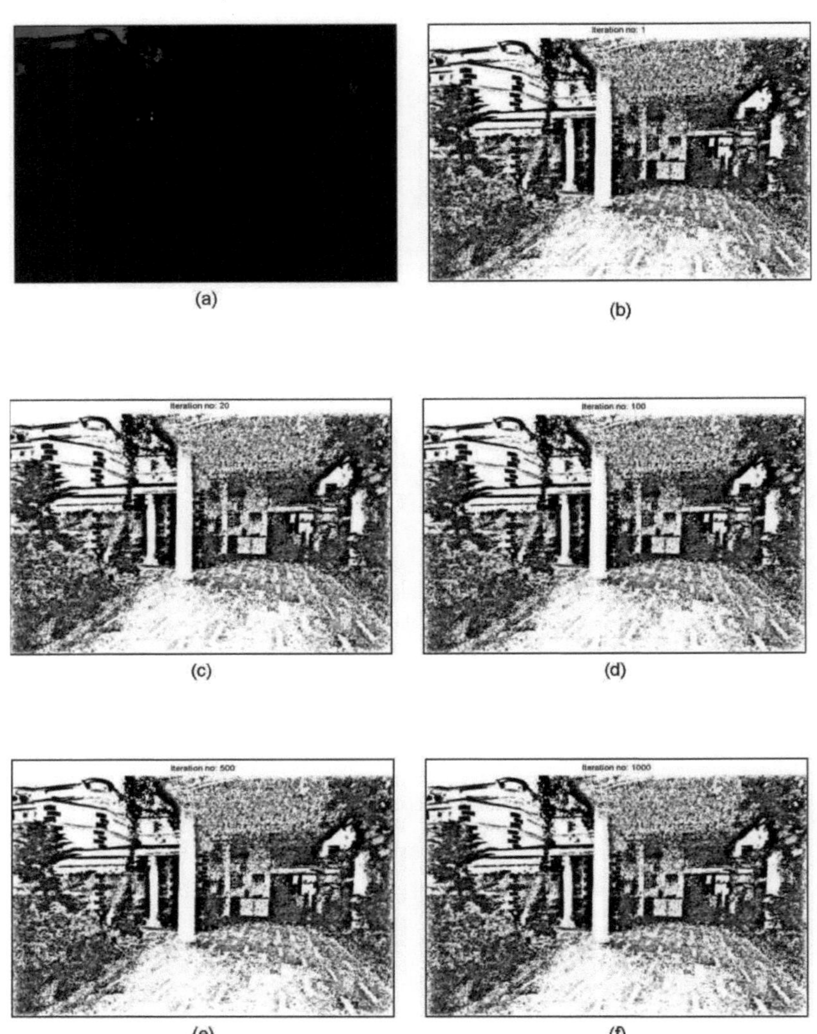

Figura 4.13 Exp. I: Melhoria do conteúdo da imagem de entrada 7 para diferentes valores de números de iteração (a) Imagem original não processada (b) Iteração n.º = 1 (c) Iteração n.º = 20 (d) Iteração n.º = 100 (e) Iteração n.º = 500 (f) Iteração n.º = 1000

Tabela 4.7 Exp I: Qualidade da imagem e parâmetros de ADN com iterações sucessivas

Iteração nº.	Qualidade	Parâmetros de ADN									
1	0.33	0	26	27	82	83	163	164	255	-0.20	4.40
20	0.36	0	55	56	102	103	177	178	255	-0.20	4.90

500	0.36	0	55	56	102	103	177	178	255	-0.20	4.90
100	0.36	0	55	56	102	103	177	178	255	-0.20	4.90
200	0.36	0	55	56	102	103	177	178	255	-0.20	4.90
500	0.36	0	55	56	102	103	177	178	255	-0.20	4.90
700	0.36	0	55	56	102	103	177	178	255	-0.20	4.90
1000	0.36	0	55	56	102	103	177	178	255	-0.20	4.90

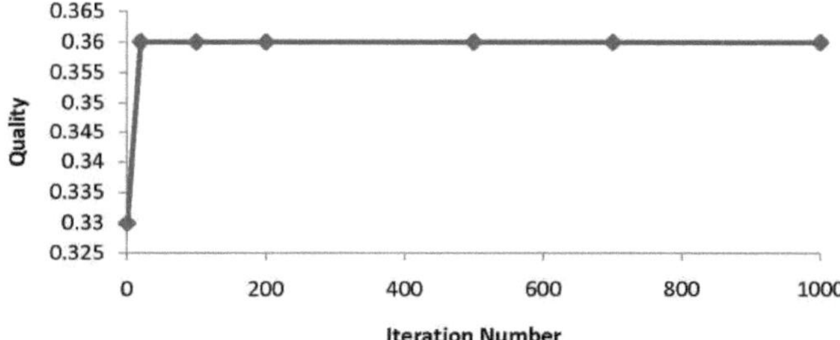

Figura 4.14 Exp. I: Gráfico da qualidade versus número de iterações

A partir da Figura 4.13, da Figura 4.14 e da Tabela 4.7, é possível observar

- A imagem de um edifício é utilizada para a otimização do conteúdo. Na imagem original não se pode dizer muito sobre o número de pilares do edifício ou sobre qualquer outra coisa.
- Com o progresso do algoritmo proposto, o conteúdo e a qualidade são melhorados nas iterações 1, 20 e 100.
- Observa-se que os resultados começam a estabilizar após 200 iterações. Por conseguinte, são escolhidas 1000 iterações como critério de paragem para o algoritmo proposto, a fim de excluir qualquer desestabilização adicional no processo de melhoramento do conteúdo.

(a)

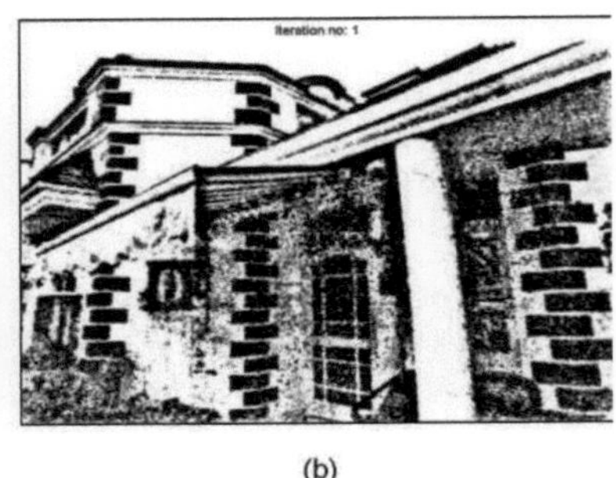

(b)

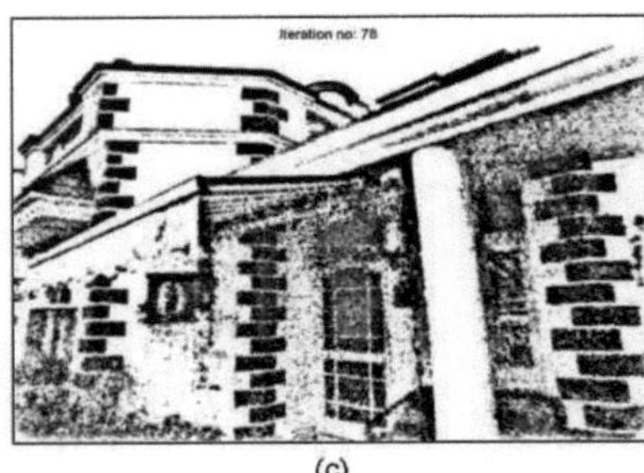

(c)

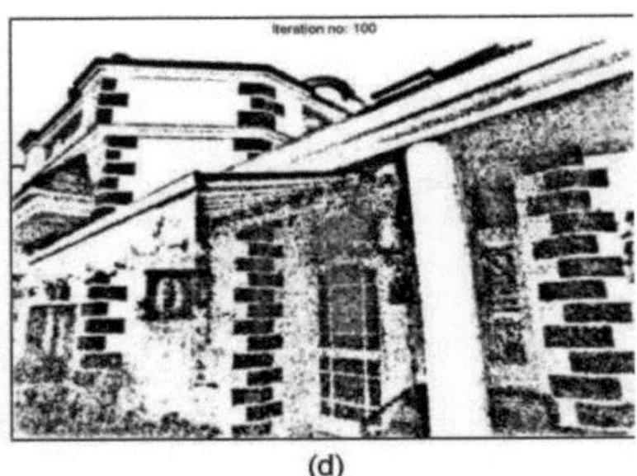

(d)

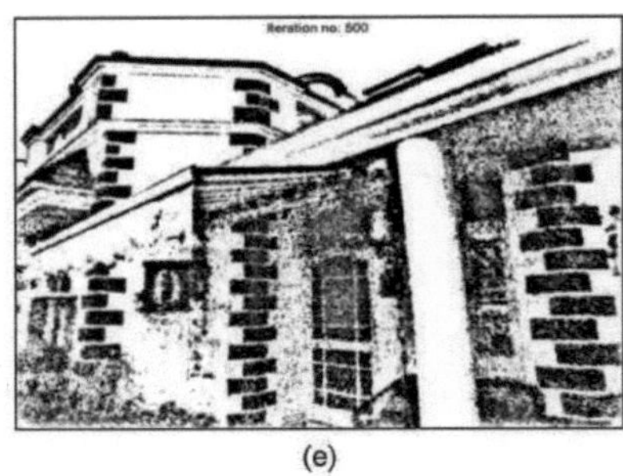

(e)

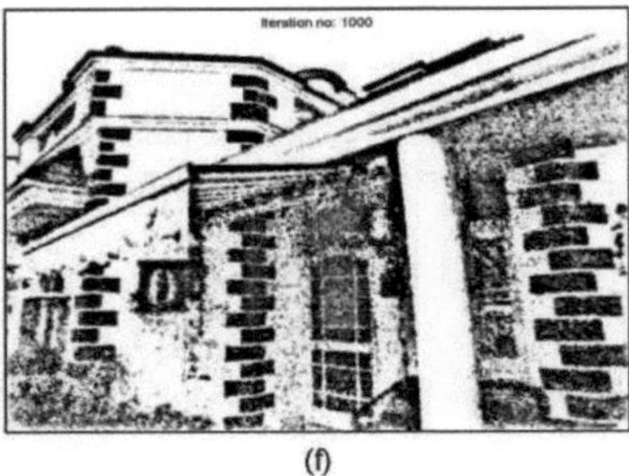

(f)

Figura 4.15 Exp. I: Melhoria do conteúdo da imagem de entrada 8 para diferentes valores de números de iteração (a) Imagem original não processada (b) Iteração n.º = 1 (c) Iteração n.º = 78 (d) Iteração n.º = 100 (e) Iteração n.º = 500 (f) Iteração n.º = 1000

Tabela 4.8 Exp I: Qualidade da imagem e parâmetros de ADN com iterações sucessivas

Iteração nº.	**Qualidade**	**Parâmetros de ADN**									
1	0.42	0	68	69	114	115	198	199	255	-0.30	7.60
50	0.42	0	68	69	114	115	198	199	255	-0.30	7.60
78	0.52	0	61	61	133	134	210	211	255	-0.20	7.60

100	0.52	0	61	61	133	134	210	211	255	-0.20	7.60
200	0.52	0	61	61	133	134	210	211	255	-0.20	7.60
500	0.52	0	61	61	133	134	210	211	255	-0.20	7.60
700	0.52	0	61	61	133	134	210	211	255	-0.20	7.60
1000	0.52	0	61	61	133	134	210	211	255	-0.20	7.60

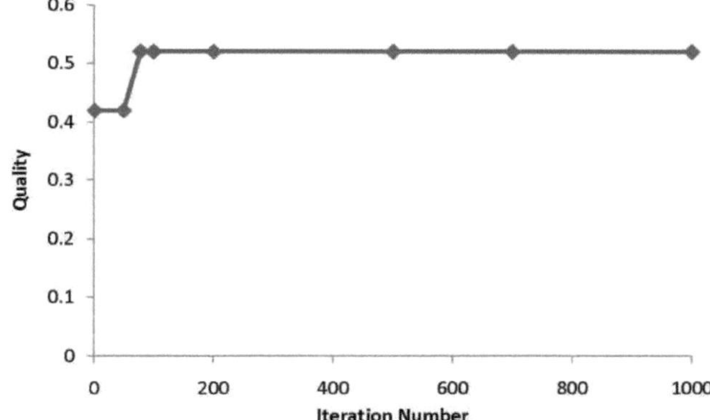

Figura 4.16 Exp. I: Gráfico da qualidade versus número de iterações

A partir da Figura 4.15, da Figura 4.16 e da Tabela 4.8, é possível observar

- A imagem de entrada obtida é uma imagem escura e não natural de um edifício.
- O conteúdo da imagem é melhorado nas iterações 1, 78 e 100.
- A qualidade é aumentada e o padrão dos azulejos na parede torna-se muito claramente visível para o observador. Vê-se também que há um quadro pendurado na parede esquerda e um toldo que se estende para fora. Atrás do poste está colocada uma cadeira ou talvez um objeto para se sentar.

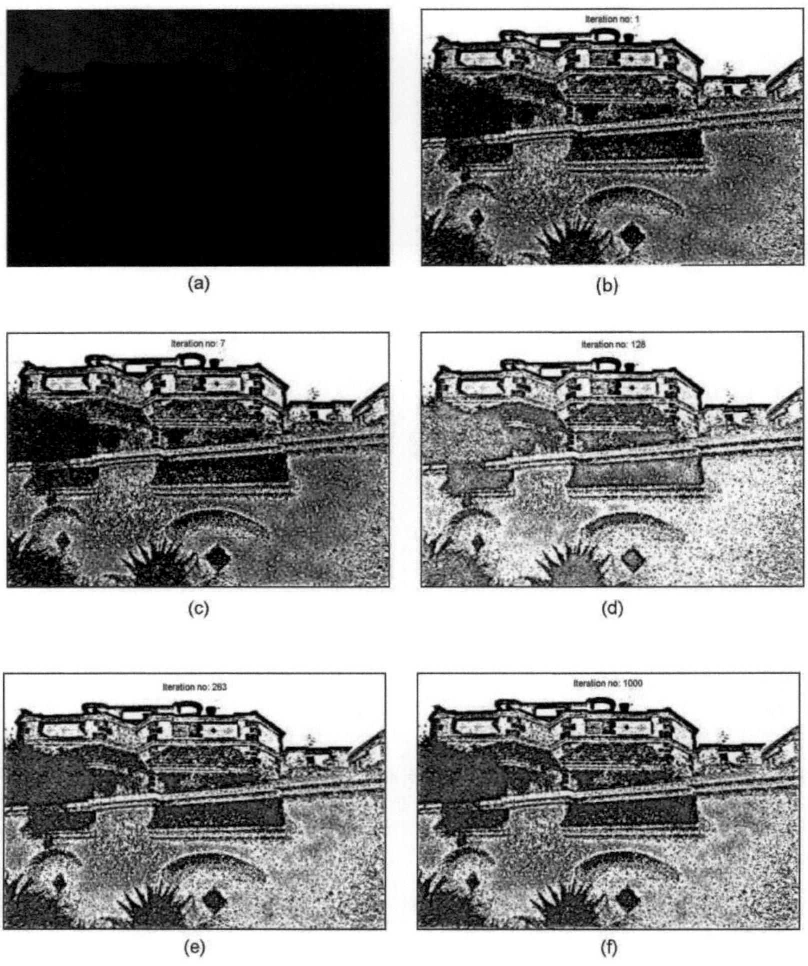

Figura 4.17 Exp. I: Melhoria do conteúdo da imagem de entrada 9 para diferentes valores de números de iteração (a) Imagem original não processada (b) Iteração n.º = 1 (c) Iteração n.º = 7 (d) Iteração n.º = 128 (e) Iteração n.º = 263 (f) Iteração n.º = 1000

Tabela 4.9 Exp I: Qualidade da imagem e parâmetros de ADN com iterações sucessivas

Iteração nº.	**Qualidade**	**Parâmetros de ADN**									
1	0.05	0	106	107	141	142	178	179	255	-0.30	5.10
7	0.08	0	23	24	105	106	187	188	255	-0.30	5.20
128	0.10	0	26	27	118	119	200	201	255	-0.10	5.20

129	0.11	0	52	53	127	128	208	209	255	-0.10	4.80
216	0.12	0	25	26	120	121	210	211	255	-0.20	4.80
263	0.13	0	25	26	122	123	214	215	255	-0.20	4.70
500	0.13	0	25	26	122	123	214	215	255	-0.20	4.70
1000	0.13	0	25	26	122	123	214	215	255	-0.20	4.70

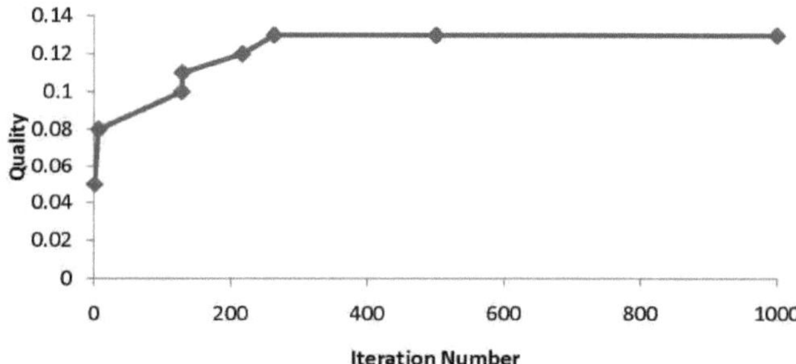

Figura 4.18 Exp. I: Gráfico da qualidade versus número de iterações

A partir da Figura 4.17, da Figura 4.18 e da Tabela 4.9, é possível observar

- A imagem obtida é uma imagem escura e não é possível afirmar com certeza se se trata de um edifício ou de um objeto natural. Mas, pela parte superior da imagem, pode concluir-se que se trata da imagem de um edifício, uma vez que mostra o telhado.
- O melhoramento do conteúdo da imagem é efectuado nos números de iteração 1, 7, 128, 129 e 263.
- Observa-se que os resultados começam a estabilizar após 300 iterações. Por conseguinte, 1000 iterações são escolhidos como critério de paragem do algoritmo proposto para excluir qualquer desestabilização adicional no processo de melhoramento do conteúdo.

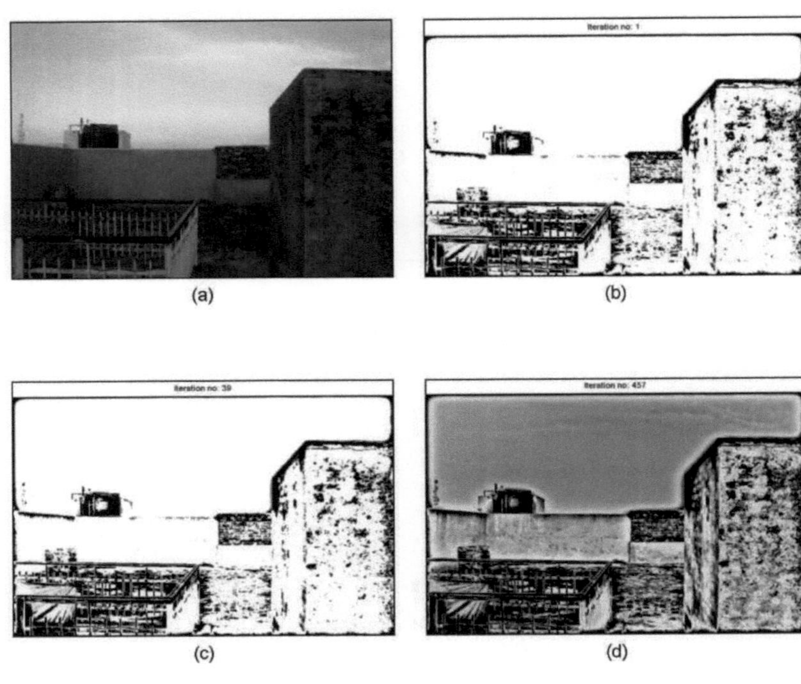

Figura 4.19 Exp. I: Melhoria do conteúdo da imagem de entrada 10 para diferentes valores de números de iteração (a) Imagem original não processada (b) Iteração n.º = 1 (c) Iteração n.º = 39 (d) Iteração n.º = 457 (e) Iteração n.º = 792 (f) Iteração n.º = 1000

Tabela 4.10 Exp I: Qualidade da imagem e parâmetros de ADN com iterações sucessivas

Iteração nº.	**Qualidade**	**Parâmetros de ADN**									
1	0.16	0	32	33	86	87	149	150	255	-0.80	-7.90
39	0.17	0	31	32	87	88	152	153	255	-0.80	-7.40
436	0.19	0	25	26	87	88	159	160	255	-0.60	-7.40

457	0.20	0	24	25	86	87	157	158	255	-0.60	-7.00
589	0.21	0	24	25	87	88	161	162	255	-0.60	-7.10
792	0.23	0	24	25	87	88	170	171	255	-0.60	-6.60
856	0.25	0	17	18	87	88	173	174	255	-0.60	-6.60
1000	0.26	0	18	19	86	87	177	178	255	-0.60	-6.40

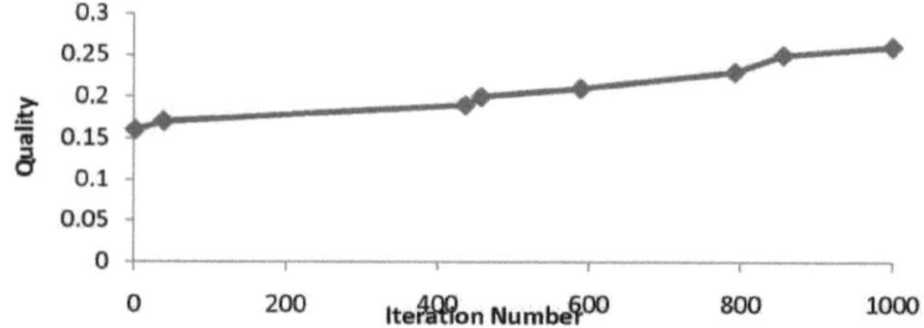

Figura 4.20 Exp. I: Gráfico da qualidade versus número de iterações

A partir da Figura 4.19, da Figura 4.20 e da Tabela 4.10, é possível observar

- A imagem de um edifício é tirada para a otimização do conteúdo. A imagem obtida não é uma imagem escura e foi obtida ao anoitecer.
- A qualidade e o conteúdo da imagem são melhorados nas iterações 1, 39, 436, 457, 589, 792 e 856. Os pormenores dos tijolos tornam-se bem visíveis. Também se pode ver que o Sintex contém algo como uma mancha branca. O muro que delimita o telhado é bastante antigo, pois são visíveis as várias manchas escuras no muro. Além disso, a ferrugem nos corrimões também é visível na iteração número 792. Observa-se que os resultados começam a estabilizar após 900 iterações. Por conseguinte, são escolhidas 1000 iterações como critério de paragem para o algoritmo proposto.

4.3 Experiência II: Efeito das iterações sucessivas na luminosidade da imagem

O brilho da imagem é muito importante. A imagem original é dividida em várias subimagens e o brilho de cada subimagem é calculado separadamente. Por conseguinte, é calculado o brilho médio da imagem global. O objetivo desta experiência é calcular o brilho médio da imagem global e o desvio padrão do brilho das várias sub-imagens da imagem à medida que as iterações variam. A experiência é realizada em cinco imagens naturais e cinco não naturais, como edifícios. Os valores do brilho médio da imagem global e o desvio padrão do brilho das várias sub-imagens são apresentados na Tabela 4.11. As investigações são efectuadas para os números de iteração 1, 40, 100, 500, 700 e 1000 para dez imagens de entrada. A Figura 4.21 mostra os gráficos do brilho médio das imagens de entrada para diferentes valores dos números de iteração 1, 40, 100, 500, 700 e 1000.

Tabela 4.11 Exp II: Efeito das iterações sucessivas na luminosidade da imagem.

Imagem	Iteração 1		Iteração 40		Iteração 100		Iteração 500		Iteração 700		Iteração 1000	
	Média	**SD**	**Média**	**SD**	**Média**	**SD**	**Média**	**SD**	**Média**	**SD**	**Média**	**SD**
1	0.100	0.380	0.170	0.383	0.200	0.424	0.200	0.424	0.200	0.424	0.200	0.424
2	0.010	0.351	0.100	0.528	0.100	0.528	0.100	0.528	0.100	0.528	0.100	0.528
3	0.460	0.382	0.500	0.381	0.500	0.381	0.500	0.381	0.500	0.381	0.500	0.381
4	0.310	0.470	0.400	0.481	0.400	0.481	0.400	0.481	0.400	0.481	0.400	0.481
5	0.140	0.370	0.140	0.370	0.140	0.370	0.190	0.429	0.190	0.429	0.190	0.429
6	0.010	0.166	0.020	0.229	0.030	0.268	0.050	0.270	0.050	0.270	0.050	0.270

7	0.330	0.379	0.360	0.374	0.360	0.374	0.360	0.374	0.360	0.374	0.360	0.374
8	0.420	0.380	0.420	0.380	0.520	0.327	0.520	0.327	0.520	0.327	0.520	0.327
9	0.050	0.316	0.080	0.317	0.080	0.317	0.130	0.314	0.130	0.314	0.130	0.314
10	0.160	0.144	0.170	0.147	0.170	0.147	0.200	0.424	0.210	0.421	0.260	0.440

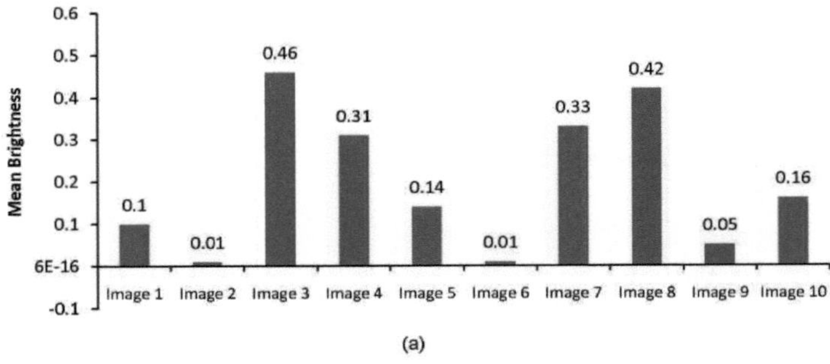

(a)

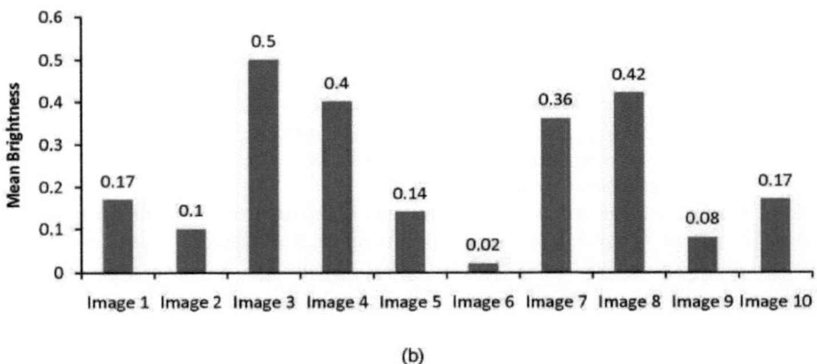

(b)

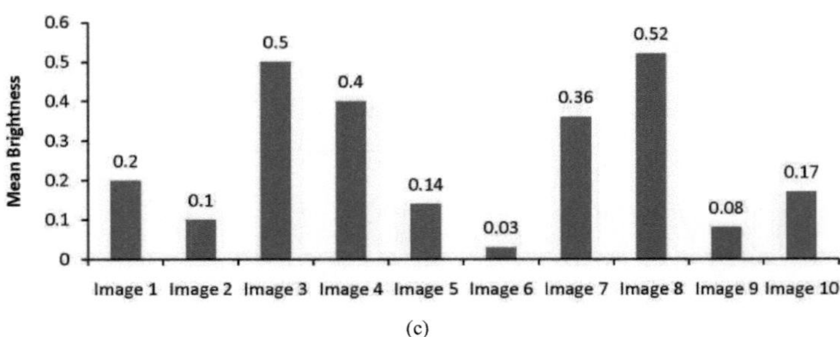

(c)

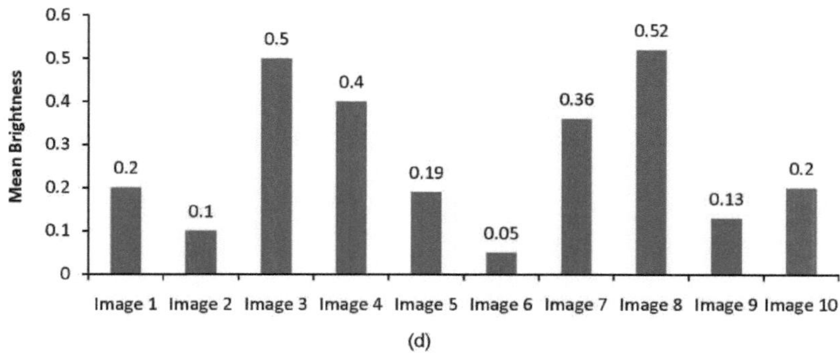

(d)

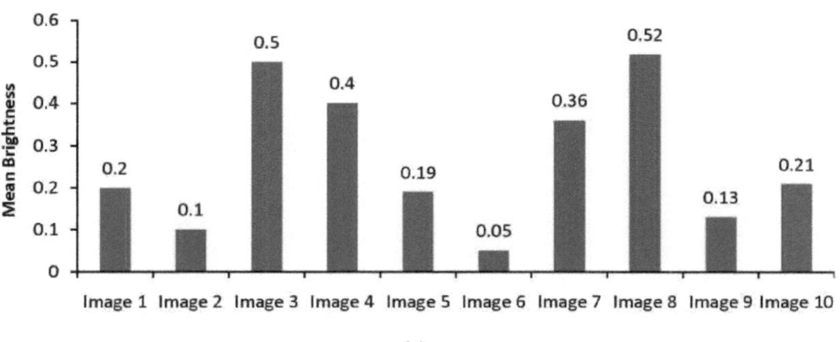

(e)

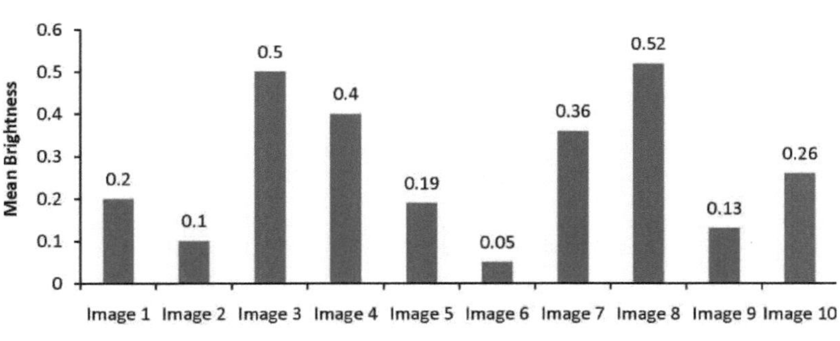

(f)

Figura 4.21 Exp. II: Brilho da imagem Imagens de entrada para diferentes valores de números de iteração (a) Iteração n.º = 1 (b) Iteração n.º =40 (c) Iteração n.º = 100 (d) Iteração n.º = 500 (e) Iteração n.º = 700 (f) Iteração n.º = 1000

A partir do Quadro 4.11 e da Figura 4.21, pode observar-se

- O brilho médio da imagem aumenta com as iterações sucessivas.
- O brilho médio da imagem começa a estabilizar após 500 iterações e não há praticamente nenhuma alteração no brilho médio da imagem, exceto para a imagem 10 que foi tirada ao anoitecer. Para a imagem de entrada 10, o brilho médio da imagem aumenta a cada iteração.
- O desvio padrão do brilho das várias sub-imagens apresenta um padrão variável. Nalgumas iterações, aumenta e noutras diminui para a mesma imagem de entrada. Também se estabiliza após 500 iterações, exceto para a imagem de entrada 10.

4.4 Experiência III: Efeito das iterações sucessivas no contraste da imagem

O objetivo desta experiência é calcular o contraste médio da imagem global e o desvio padrão do contraste das várias sub-imagens da imagem com o progresso do algoritmo. Os valores do contraste médio da imagem global e do desvio padrão do contraste das diferentes sub-imagens da imagem são apresentados no quadro 4.12. As investigações são efectuadas para dez imagens de entrada para as iterações 1, 40, 100, 500, 700 e 1000.

Tabela 4.12 Exp III: Efeito das iterações sucessivas no contraste de uma imagem.

Imagem	Iteração 1 SD	Iteração 40 SD	Iteração 100 SD	Iteração 500 SD	Iteração 700 SD	Iteração 100 SD
1	0.085	0.087	0.082	0.082	0.082	0.082
2	0.786	0.056	0.056	0.056	0.056	0.056
3	0.163	0.164	0.164	0.164	0.164	0.164
4	0.871	0.094	0.094	0.094	0.094	0.094
5	0.088	0.088	0.088	0.088	0.088	0.088
6	0.091	0.077	0.099	0.098	0.098	0.098
7	0.112	0.115	0.115	0.115	0.115	0.115
8	0.155	0.155	0.174	0.174	0.174	0.174
9	0.065	0.064	0.064	0.064	0.064	0.174
10	0.128	0.128	0.128	0.080	0.081	0.073

A partir do quadro 4.12, pode observar-se

- O contraste médio para a imagem global permanece zero e o desvio padrão do contraste para as várias sub-imagens varia para diferentes iterações.
- Para as várias iterações, o contraste médio começa a estabilizar após 100 iterações para todas as imagens escuras e a imagem de entrada 10 é uma exceção a esta situação.

4.5 Experiência IV: Avaliação subjectiva da qualidade da imagem e da melhoria do conteúdo utilizando MOS

O teste Mean Opinion Score (MOS) para avaliação subjectiva da qualidade da imagem e do melhoramento do conteúdo foi realizado com três conjuntos de imagens em quatro iterações diferentes 1, 100, 500 e 1000, respetivamente, que foram mostradas a seis sujeitos juntamente com a sua imagem original. A iteração das imagens não foi revelada aos sujeitos. Para reduzir o enviesamento, a ordem de iteração para diferentes tipos de imagens foi aleatória entre os sujeitos. A Tabela 4.13 mostra a avaliação subjectiva da qualidade da imagem utilizando o MOS e o gráfico da: avaliação subjectiva da qualidade da imagem em diferentes iterações utilizando o MOS é apresentado na Figura 4.22.

Tabela 4.13 Exp IV: Avaliação subjectiva da qualidade da imagem utilizando MOS

Imagem	Iteração nº.	Pontuação MOS						
		Sb1	Sb2	Sb3	Sb4	Sb5	Sb6	Média
Imagem 1	0	1.40	1.30	1.20	1.35	1.50	1.75	1.41
	1	1.60	2.00	1.75	2.20	2.75	1.90	2.03
	100	3.95	4.50	4.95	4.10	4.95	4.50	4.60
	500	4.56	4.65	4.95	4.91	4.98	4.78	4.85
	1000	4.59	4.75	4.95	4.90	5.00	4.88	4.89
	0	1.20	1.00	1.20	1.30	1.10	1.90	1.30
	1	2.50	2.35	2.20	2.50	2.25	2.15	2.32

Imagem 5	100	3.80	3.75	3.61	3.88	3.75	3.90	3.78
	500	3.88	3.95	3.99	3.90	3.80	3.91	3.90
	1000	3.90	4.00	3.91	3.99	3.71	4.10	3.93
	0	1	1.10	1	1.01	1.20	1	1.05
	1	1.80	1.75	1.95	1.88	1.90	2.00	1.88
Imagem 11	100	2.10	2.12	2.75	2.00	2.13	2.22	2.22
	500	2.98	3.10	2.95	2.75	3.20	3.60	3.09
	1000	3.80	4.00	3.90	3.91	3.75	3.88	3.88

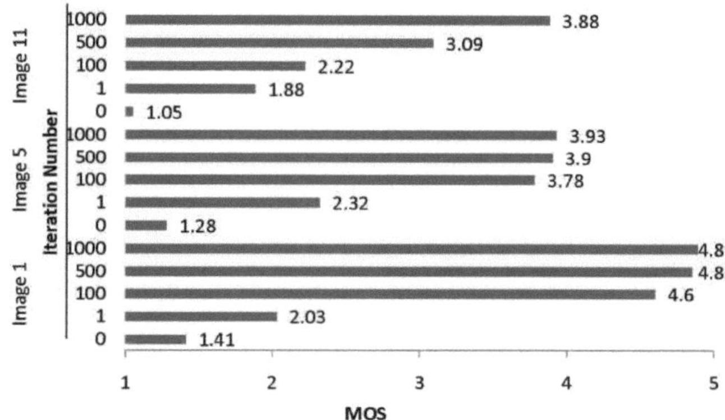

Figura 4.22 Exp IV: Avaliação subjectiva da qualidade da imagem e da melhoria do conteúdo utilizando MOS

A partir do Quadro 4.13 e da Figura 4.22, pode observar-se

- Os resultados mostram que os sujeitos foram capazes de distinguir entre a imagem original não processada e a imagem processada.
- As classificações foram atribuídas numa escala de 5. A classificação mais baixa é atribuída ao número 1 e a mais alta ao número 5.
- As iterações para as quais os sujeitos deram a classificação mais elevada foram 500 ou 1000.
- As pontuações médias para a imagem original, ou seja, quando a iteração é zero, foram 1,41, 1,30 e 1,05, respetivamente.
- As pontuações médias correspondentes para a iteração 500 para a imagem 1, imagem 5 e imagem 11 são 4,85, 3,90 e 3,90, respetivamente.
- As pontuações médias correspondentes para a iteração 1000 para a imagem 1, imagem 5 e imagem 11 são 4,89, 3,93 e 3,88, respetivamente.
- Conclui-se que os sujeitos classificaram as imagens da iteração 500 ou 1000 como as mais elevadas, porque o conteúdo e a qualidade nestas iterações foram melhorados em grande medida.

CONCLUSÃO E ÂMBITO FUTURO

Conclusão

No presente trabalho, o melhoramento do conteúdo da imagem é efectuado utilizando um Algoritmo Genético Contínuo melhorado. As técnicas clássicas de melhoramento da imagem, como o alongamento linear do contraste e a equalização do histograma, têm o inconveniente de tratar a imagem globalmente para o melhoramento. Por conseguinte, é utilizado o Algoritmo Genético que faz evoluir os parâmetros de um método de melhoramento local que se adapta melhor aos conteúdos locais da imagem. O Algoritmo Genético proposto neste livro é o Algoritmo Genético Contínuo.

Quando o algoritmo proposto é implementado em diferentes imagens naturais e não naturais, como edifícios, aumentando as iterações do algoritmo, a qualidade da imagem é melhorada, melhorando assim o conteúdo da imagem. O brilho médio da imagem global também é melhorado com o progresso do algoritmo.

A partir dos resultados, conclui-se que o algoritmo proposto melhora a capacidade de pesquisa global das soluções. A qualidade da imagem, que é o critério objetivo do nosso trabalho, aumenta e começa a estabilizar após 300 iterações. Por conseguinte, são escolhidas 1000 iterações como critério de paragem para o algoritmo proposto, a fim de excluir qualquer desestabilização adicional no processo de melhoramento do conteúdo da imagem.

Âmbito futuro

O estudo aqui apresentado é uma pequena parte do melhoramento do conteúdo de imagens naturais e não naturais. A única categoria de imagens não naturais que é utilizada no presente trabalho é a dos edifícios. Para levar este estudo mais longe, podem ser utilizadas imagens de diferentes categorias de imagens não naturais para estudar os efeitos do algoritmo proposto.

Neste trabalho, são estudadas apenas imagens naturais e não naturais, como edifícios. Além disso, também podem ser obtidas outras imagens, como imagens de ultra-sons, de ressonância magnética, de raios X, etc., e podem ser estudados os efeitos das iterações em vários parâmetros da imagem. O trabalho proposto pode ser alargado à deteção remota utilizando o Algoritmo Genético Contínuo proposto.

REFERÊNCIAS

Alamri, S.S., Kalyankar, N.V., and Khamitkar, S.D.(2010), "*Linear and Non-Linear Contrast Enhancement Image*," International Journal of Computer Science and Network Security, Vol. 10, No. 2, pp. 139-143.

Bhattacharjya, R.K. (2012), "*Introduction To Genetic Algorithms*," IIT Guwahati, Guwahati, Lecture Notes.

Chang, F.J. e Chen, L. (1998), "*Real Coded Genetic Algorithm for Rule-Based Flood Control Reservoir* Management," Water Reservation Management, Vol. 12, pp. 185-198.

Dharmistha e Vishwakarma, D. (2012), "*Genetic Algorithm Based Weights Optimization of Artificial Neural Networks*," International Journal of Advanced Research in Electrical, Electronics and Instrumentation Engineering, Vol. 1, No. 3, pp. 206-211.

Erkanli, S., Li, J. e Oguslu, E. (2012), "*Fusion of Visual and Thermal Images using Genetic Algorithm,*" Bio Inspired Computational Algorithms and their Applications. Disponível: www.intenchopen.com, pp. 182-212.

Furtadol, J.J.,Cail,Z.e Xiaobol,L.(2010), "*Digiital Image Processing:Supervised Classification Using Genetic Algorithm in Matlab Toolbox*," Report and Opinion, Vol.2, No.6, pp.53-61.

Gilboa, G., Sochen, N. e Zeevi, Y.Y. (2004), "*Image Enhancement and Denoising by Complex Diffusion Processes*," IEEE Transactions On Pattern Analysis And Machine Intelligence, Vol. 26, No. 8, pp.1020-1036.

Gorari. A e Ghosh, A.(2009), "*Gray-level Image Enhancement By Particle Swarm*, "World Congress on Nature & Biologically Inspired Computing, pp.72-77.

Goyal, A., Bijalwan, A., Pradeep, K. e Chowdhury, K. (2012), "*Image Enhancement using Guided Image Filter Technique*," International Journal of Engineering and Advanced Technology, Vol.1, No.5, pp.213-217.

Hole, K.R., Gulhane,V.S. and Shellokar,N.D. (2013), "*Application of Genetic Algorithm for Image Enhancement and Segmentation,*" *International Jouranl of Advanced Research in Computer Engineering & Technology*, Vol. 2, No. 4, pp. 1342-1346.

Jones, B.F., Eyres, D.E. e Sthamer, H.H. (1998), "*A Strategy for using Genetic Algorithms to Automate Branch and Fault-based Testing*", The Computer Journal, Vol. 41, No. 2, pp.98-107.

Lavania, K.K, Shivali e Kumar, R. (2012), "*Image Enhancement using Filtering Techniques*," International Journal on Computer Science and Engineering, Vol. 4, No. 1, pp. 14-20.

Maillard, P. (2003), "*Comparing Texture Analysis Methods through Classification*," Photogrammetric Engineering & Remote Sensing, Vol. 69, No. 4, pp. 357-367.

Moon, C., Kim, J., Choi,G. e Seo, Y. (2002), "*An Efficient Genetic Algorithm for the Travelling Salesman problem with Precedence Constraints*", European Journal of Operational Research, pp. 606-617.

Mundhada, S.O. e Shandilya, V.K. (2012), "*Image Enhancement and Its Various Techniques,*" International Journal of Advanced Research in Computer Science and Software Engineering, Vol.2, No.4, pp.370-372.

Oh, S.K., Pedrycz, W. e Park, K.J. (2007), "*Identification of fuzzy systems by means of genetic optimization and data granulation*", Journal of Intelligent & Fuzzy Systems, pp. 3141.

Orlinb, J.C., Tiwaric, A. e Ahujaa, R.K. (2000), "*A Greedy Genetic Algorithm for the Quadratic Assignment Problem*," Computers & operations Research, Vol. 27, pp. 917-934.

Pratt,W.K.(2007), *Digital Image processing*, 4th ed.: Wiley-Interscience Publication.

Ragg, T. e Hornel, D. (1996), "*Learning musical structure and style by recognition,prediction and evolutation*," in International Computer Music Conference, Hong Kong, China, pp. 59-62.

Rajshree, S., Rajnish, D. e Bhattacharjee, C.J.(2010), "*Multi Feature Content Based Image Retrieval ," International Journal on Computer Science and Engineering*, Vol. 2, No. 6, pp. 2145-2149.

Rajput, P., Kumari, S., Arya, S. e Lehana, P. (2013), "*Effect of Diurnal Changes on the Quality of Digital Images*," Physical Review & Research International, Vol.3, No.4, pp. 556567.

Rajput, S., Suralkar, S.R. (2013), "*Comparative Study of Image Enhancement Techniques* ," International Journal of Computer Science and Mobile Computing, Vol.2, No.1, pp.11-22.

Sabbah, A.A. e Naoum, R. (2012), "*Color Image Enahncement using Steady State Genetic Algorithm*," World of Computer Science and Information Technology Journal, Vol. 2, No. 6, pp. 184-192.

Saikrishna, T.V., Yesubabu,V.A., Anandarao.A e Rani,T.S. (2012), "*A Novel Image Retrieval Method Using Segmentation and Color Moments* ," Advanced Computing International Journal, Vol. 3, No. 1, pp. 75-80.

Samaraie, M.F.Al. (2011), "*A New Enhancement Approach for Enhancing Image of Digital*

Cameras by Changing the Contrast", International Journal of Advanced Science and Technology, Vol. 32, pp. 13-22.
Sharma, C., Sabharwal, S. e Sibal, R. (2013), "*A Survey on Software Testing Techniques using Genetic Algorithm*," International Journal of Computer Science Issues, Vol. 10, No. 1, pp. 381-393.
Shih, J.H. e Chen,L.H. (2002), *"Colour image retrieval based on primitives of colour moments* ," IEEE Proceedings online no. 2002061, Vol. 149, No. 6, pp. 370-376.
Singh, S.M. e Hemachandran, K. (2012), "*Content based Image Retrieval based on the Integration of Color Histogram, Color Moment and Gabor Texture* ," International Journal of Computer Applications, Vol. 59, No. 12, pp. 13-22.
Smeulders, A.W., Worring, M., Santini, S. e Jain, R. (2000), "*Content Based Image Retrieval Systems at the End of Early Years*," IEEE Transactions on Pattern Analysis and Machine Intelligence, Vol. 22, No. 10, pp. 1-32.
Usinskas, A. e Paulinas, M. (2007), "*A Survey of Genetic Algorithms Applications for Image Enhancement and Segmentation*," Information Technology and Control, Vol. 36, No. 3, pp. 278-284.
Verma, A. e Archana (2012), "*A Survey on Image Contrast Enhancement Using Genetic Algorithm*," International Journal of Scientific and Research Publications, Vol. 2, No. 7, pp. 1-4.
Woods, R.R. e Gonzalez, R.C. (2011), *Digital Image Processing, 3rd ed.: Pearson*
Woon, S.Y., Querin, O.M. e Steven, G.P. (2001), "*Structural Application of a Shape Optimization Method based on a Genetic algorithm*", em Struct Mutidisc Optimum, Verlag, pp. 57-64.

Printed by Books on Demand GmbH, Norderstedt / Germany